基礎から理解する化学

物理化学

久下謙一
森山広思
一國伸之
島津省吾
北村彰英

［著］

テコム

企画委員

北村	彰英	千葉大学大学院工学研究科共生応用化学専攻
幸本	重男	千葉大学大学院工学研究科共生応用化学専攻
岩舘	泰彦	千葉大学大学院工学研究科共生応用化学専攻

執筆者

久下	謙一	千葉大学大学院融合科学研究科情報科学専攻
森山	広思	東邦大学大学院理学研究科化学専攻
一國	伸之	千葉大学大学院工学研究科共生応用化学専攻
島津	省吾	千葉大学大学院工学研究科共生応用化学専攻
北村	彰英	千葉大学大学院工学研究科共生応用化学専攻

(平成20年10月31日現在,執筆順)

シリーズ　刊行にあたって

　大学教育を考えるとき，学生を世の中に自信をもって送り出す教育を行うことが重要なのはいうまでもありません．そこには教育カリキュラムを充実させるということが常に課題になっています．教育カリキュラムは一貫したものでなければなりません．教養教育，専門基礎教育，専門教育，これら種々の教育が一体化してはじめて学生を自信をもって社会に送り出せるようになるのです．そうはいっても一体化が難しいのも事実です．教養教育と専門教育，あるいは専門基礎教育と専門教育の企画運営の組織が異なる場合が多くの大学で見られます．組織の違いを乗り越えて，一体化するのは大変なことと思います．また，近年，高等学校の教育と大学教育との乖離も多くいわれています．大学としては教育カリキュラムに対応できる学生を入学させているはずで，本来，乖離がないか，あったとしても学生個人が対応できる範囲のもののはずです．しかしながら，現実はそうではないのはよく知られているところです．

　これらの状況の下，少なくとも化学の分野でカリキュラムを考えたとき，どのような教科書が必要になるのか，その答えがこのシリーズと考えていただければと思います．一冊毎の内容は 2 単位 30 時間授業に対応しています．物理化学や有機化学などは高校で教わるレベルを考慮した内容になっています．したがって，これらは化学を専門としない理系の教科書としても使えます．理系専門基礎教育用といってよいでしょう．それ以外のものはもう少しレベルが高い内容になっています．すなわち，専門教育用の教科書になります．一部の教員の方はもっと高度な内容を期待されるかもしれませんが，学部教育と大学院教育との連携を考えると，学部の専門教育用としてはこのレベルで十分と我々は考えました．これ以上のレベルは大学院の教育を実質化することで対応するべきと考えるのは我々だけでしょうか．

　シリーズの位置付け，内容等にご理解いただき，利用していただければ幸いです．

企画委員
北村　彰英
幸本　重男
岩舘　泰彦

まえがき

　本教科書は，専門基礎科目としての物理化学の教科書である．ただ，ここでいう専門基礎科目の定義は学部・学科によって異なる．すなわち，化学を専門とする学部・学科においては，高校の化学と大学の専門の化学のつなぎになる科目である．一方，化学を専門としない理系の学部・学科においては，専門知識を習得するために必要な化学の知識を学ぶ科目になる．このことから考えると，本来，教科書は別々の内容のものが必要と思われる．しかしながら，実際には同一の教科書で十分というのが我々の考えである．すなわち，現状の教育課程を考えると，専門科目が非常に細分化され，またその内容が高度なものになっている．その理由は，卒業時には少なくともこれだけの知識は身につけてほしいという教員側の希望のためと思われるが，このことにより，専門基礎科目の位置付けを専門科目を学ぶ入り口とすると，結果的に教育内容が難しくなり，理解できない学生が増えてしまう．むしろ高校の化学の延長と考え，多くの学生が理解できる内容に重点を置き，内容の理解とともに自信を付けさせて先に進めることのほうが，教育効果が上がると考えている．そうはいっても，あまりにも易しすぎると逆に勉学意欲を失ってしまう．その兼ね合いが難しいが，我々の長い教育経験から，このレベルがちょうどよいであろういうことで作られたのがこの教科書である．

　物理化学は化学の柱の一つであり，しっかりと理解する必要がある．そのため，高校でも物理化学の内容に多くの時間を割いて教えられている．しかしながら，高校の化学では，原子・分子の概念に関する教育が少し弱い．そこで，この教科書では2章と3章で比較的詳しく述べてある．初めて学ぶ人にとっては難しく感じるかもしれないが，ぜひ頑張って理解してもらいたい．その他の章は，教科書を読み，授業を聞くことによって理解できると思う．ただ，大学の教育内容なので，ただ単にこの教科書を持って講義を聞いても理解できない．講義の前にこの教科書を読み，授業の後でこの教科書を読みなおして理解することが重要である．書いてある内容がもの足りなく思えたら，かなり実力がついたと考えてよいし，ぜひそのレベルまで到達してもらいたいと思う．

平成 20 年 10 月

著　者

久下　謙一
森山　広思
一國　伸之
島津　省吾
北村　彰英

目　次

1. 物理化学とは……久下謙一………………………………………… *1*

    1.1　物理化学の3つの柱　*1*
    1.2　微視的性質と巨視的性質　*2*
    1.3　単位について　*2*
   練習問題　*5*

2. 原子のなりたち……森山広思………………………………………… *7*

    2.1　原子の構造　*7*
    2.2　前期量子論　*8*
    2.3　光電効果　*9*
    2.4　物質波　*10*
    2.5　水素原子の輝線スペクトル　*11*
    2.6　ボーアの量子条件　*12*
    2.7　シュレディンガーの波動方程式　*15*
    2.8　原子の電子配置と周期表　*23*
    2.9　イオン化ポテンシャルと電子親和力　*23*
   練習問題　*24*

3. 分子のなりたち……森山広思………………………………………… *25*

    3.1　共有結合　*25*
    3.2　π共役分子　*32*
    3.3　化学結合のいろいろ　*37*
   練習問題　*41*

4. 理 想 気 体……一國伸之………………………………………… *42*

    4.1　気体の物理量　*42*
    4.2　ボイルの法則　*43*
    4.3　シャルルの法則と絶対零度　*44*

1.2 微視的性質と巨視的性質

物質の性質を物理化学の面から考える場合，上で述べた3つの分野とは別に，そのもののもつ微視的性質と巨視的性質とを区別して考えなければならない．

微視的性質とは，原子や分子の構造に基づく物質の性質であり，主に上で述べた「構造と性質」や「反応の機構」を考える上での基礎となる性質である．これらは人間の五感を通しては直接観察されず，間接的な測定手段を用いて，そこから推論していくことによって調べられる．微視的性質の理論の基礎となるのは，量子力学である．微視的性質を理解するためには，個々の原子や分子の構造の理解が不可欠であり，特にその中の電子がどのように振る舞うかということが，物質の性質を大きく左右している．

巨視的性質とは，1個ではなく集団として考えた原子や分子の挙動により示される性質である．これは上で述べた「平衡と熱力学」や「反応の速度」を考える上での基礎となる性質である．これらは人間の五感で感じ取ることができる．これらの理論の基礎となるのは，熱力学，統計力学などである．巨視的性質を考える上で重要なことは，これらの原子や分子の集団が全体として，「どの方向」へ行くのか，「どのくらいの速さ」で行くのかという2つの点である．

微視的性質，巨視的性質それぞれを理解するための基本となる考え方は全く同じではないので，それぞれについて体系づけて理解しなければならない．しかし，全く別個ではなく，その間のつながりというものも，また理解しなければならない．両者を区別しつつ，そのつながりを含めて考えてやることで，体系づけた理解ができるのである．

1.3 単位について

化学や物理学の実験において，何らかの物理量（質量や時間，温度など）を測定すると，その結果は次のように，数値にある決まった単位を掛けた形で得られる．

$$\text{物理量} = \text{数値} \times \text{単位}$$

この物理量を記述するための単位には多くの種類があり，それぞれその単位を決めるもとになった歴史をもっている．しかしながら，ある分野で特定の単位が長く使われていてなじみがあっても，同じ物理量に対してそれぞれの分野で別々の単位が存在すると，単位を換算するのに逆に不便が生じる．それゆえ現在では「1つの量に1つの単位」という原則のもと，国際単位系（international system of units：SI単位）という全世界共通の統一された単位系を用いることになり，徐々に国際単位系に移行しつつある．

国際単位系では，単位はすべて次の7種の物理量を表す基本単位と2種の無次元量の補助単位からつくられる．基本単位と補助単位を表1.1に，それぞれの基本単位と補助単位の定義を表1.2に示す．

1.3 単位について

表 1.1 基本単位と補助単位

	量	単位の名称	単位記号
基本単位	長さ	メートル	m
	質量	キログラム	kg
	時間	秒	s
	電流	アンペア	A
	熱力学温度	ケルビン	K
	物質量	モル	mol
	光度	カンデラ	cd
補助単位	平面角	ラジアン	rad
	立体角	ステラジアン	sr

表 1.2 基本単位と補助単位の定義

	量	定義
基本単位	長さ	1/299 792 458 秒の時間に光が真空中を伝わる行程の長さ
	質量	キログラムは質量の単位であり、それは国際キログラム原器の質量に等しい
	時間	セシウム 133 の原子の基底状態の 2 つの超微細準位の間の遷移に対応する放射の 9 192 631 770 周期の継続時間
	電流	真空中に 1 メートルの間隔で平行に置いた、無限に小さい円形断面積を有する無限に長い 2 本の直線状導体のそれぞれを流れ、これらの導体の長さ 1 メートルごとに 2×10^{-7} ニュートンの力を及ぼし合う不変の電流
	熱力学温度	水の三重点の熱力学温度の 1/273.16
	物質量	0.012 キログラムの炭素 12 の中に存在する原子の数と等しい数の素粒子または要素粒子（ここでいう要素粒子とは、原子、分子、イオン、電子、その他の粒子）の集合体（組成が明確にされたものに限る）で構成された系の物質量とし、要素粒子または要素粒子の集合体を特定して使用する
	光度	周波数 540×10^{12} ヘルツの単色放射を放出し、所定の方向におけるその放射強度が 1/683 ワット毎ステラジアンである光源の、その方向における光度
補助単位	ラジアン	円の周上でその円の半径に等しい長さの弧を切り取る 2 本の半径の間に含まれる平面角
	ステラジアン	球の中心を頂点とし、その球の半径を 1 辺とする正方形の面積と等しい面積をその球の表面上で切り取る立体角

　基本単位の定義そのものにはなじみがないものもあるが、それらの多くは、もとは別の定義が用いられてきた。長さの単位である「メートル」(m) は、もともと地球の子午線の全長の 4×10^7 分の 1 の長さとして、質量の単位「キログラム」(kg) は氷が溶けつつある温度での水 $1/10^3$ m^3 の体積の質量として、時間の単位「秒」(s) は平均太陽日の 1/86 400 として定義されたものである。温度はもともと大気圧のもとで水が沸騰する温度 (100℃) と、凝固する温度 (0℃) の 2 点間を 100 等分した温度目盛りとして用いられた。しかしこれらの定義は正確でない、普遍的でないという欠陥があり、どこで誰が決めても同じ量となる定義として、表 1.2 に示す定義が用いられるようになった。

　他のすべての物理量はこれらの物理量の組み合わせで表現される。したがってその物理量の単位は、基本単位を組み合わせた組立単位を使って表される。たとえば、体積の単位は m^3 である。力の単位はニュートン (N) であり、これは 1 kg の質量をもつ物体に 1 m s^{-2} の加速度を与えるのに必要な力と定義されるので、

表1.3　固有の名称をもつ組立単位

量	単位の名称	単位記号	単位の組み立て方
周波数	ヘルツ	Hz	$1\,\mathrm{Hz} = 1\,\mathrm{s}^{-1}$
力	ニュートン	N	$1\,\mathrm{N} = 1\,\mathrm{kg\,m\,s^{-2}}$
圧力	パスカル	Pa	$1\,\mathrm{Pa} = 1\,\mathrm{N\,m^{-2}}$
エネルギー	ジュール	J	$1\,\mathrm{J} = 1\,\mathrm{N\,m}$
仕事率	ワット	W	$1\,\mathrm{W} = 1\,\mathrm{J\,s^{-1}}$
電荷	クーロン	C	$1\,\mathrm{C} = 1\,\mathrm{A\,s}$
電位	ボルト	V	$1\,\mathrm{V} = 1\,\mathrm{J\,C^{-1}}$
静電容量	ファラド	F	$1\,\mathrm{F} = 1\,\mathrm{C\,V^{-1}}$
(電気の) 抵抗	オーム	Ω	$1\,\Omega = 1\,\mathrm{V\,A^{-1}}$
(電気の) コンダクタンス	ジーメンス	S	$1\,\mathrm{S} = 1\,\Omega^{-1}$
磁束	ウェーバ	Wb	$1\,\mathrm{Wb} = 1\,\mathrm{V\,s}$
磁束密度	テスラ	T	$1\,\mathrm{T} = 1\,\mathrm{Wb\,m^{-2}}$
インダクタンス	ヘンリー	H	$1\,\mathrm{H} = 1\,\mathrm{Wb\,A^{-1}}$
セルシウス温度	度	℃	$x\,\text{℃} = (x+273.15)\,\mathrm{K}$
光度	ルーメン	lm	$1\,\mathrm{lm} = 1\,\mathrm{cd\,sr}$
照度	ルクス	lx	$1\,\mathrm{lx} = 1\,\mathrm{lm\,m^{-2}}$
放射能	ベクレル	Bq	$1\,\mathrm{Bq} = 1\,\mathrm{s}^{-1}$
質量エネルギー付与	グレイ	Gy	$1\,\mathrm{Gy} = 1\,\mathrm{J\,kg^{-1}}$
線量当量	シーベルト	Sv	$1\,\mathrm{Sv} = 1\,\mathrm{J\,kg^{-1}}$

$\mathrm{N} = \mathrm{kg\,m\,s^{-2}}$ と表される.

例題 国際単位系での圧力の単位は Pa (パスカル), 電圧の単位は V (ボルト) である. それぞれの単位の定義より, それぞれの単位を7種の基本単位から組み立てて表せ.

解答 $1\,\mathrm{m}^2$ の面積あたりに $1\,\mathrm{N}$ の力を加えたときの圧力が $1\,\mathrm{Pa}$ である. ゆえに,
$$\mathrm{Pa} = \mathrm{N\,m^{-2}} = \mathrm{kg\,m^{-1}\,s^{-2}}$$

$1\,\mathrm{C}$ の電荷を運ぶのに $1\,\mathrm{J}$ の仕事が必要となる電位差が $1\,\mathrm{V}$ である. さらに $1\,\mathrm{A}$ の電流が $1\,\mathrm{s}$ 流れたとき運ばれる電荷が $1\,\mathrm{C}$ である. ゆえに,
$$\mathrm{V} = \frac{\mathrm{J}}{\mathrm{C}} = \frac{\mathrm{kg\,m^2\,s^{-2}}}{\mathrm{A\,s}} = \mathrm{kg\,m^2\,s^{-3}\,A^{-1}}$$

電気に関する基本単位の物理量は電流 (アンペア:A) であり, 光に関しては光度 (カンデラ:cd) であって, なじみの深い電圧や照度の単位 (ボルト:V, ルクス:lx) は組立単位である. 力の単位 N や, 圧力の単位 Pa のように固有の名称をもつなじみのある組立単位が19個ある. それらを表1.3に示す. これら以外の組立単位は, 基本単位と固有の名称をもつ組立単位の乗除による単位で表される.

この単位系では通常頻繁に使用する単位量が10のべき乗の位となって, 記述に不便な場合がある. そのわずらわしさを除くため, 単位の前に10のべき乗を表す接頭文字をつけて表してもよい. このために用いられる接頭文字を表1.4に示す. たとえば, $10^{-9}\,\mathrm{m}$ は $1\,\mathrm{nm}$ と表すことができる.

基本単位以外の単位には, 国際単位系と併用してよいものと, 暫定的に容認されるもの, 使用を避けることが望ましいものとに分けられている. 併用してよい

1.3 単位について

表 1.4 接頭語

単位に乗じる倍数	接頭語 名称	記号	単位に乗じる倍数	接頭語 名称	記号
10^{18}	エクサ	E	10^{-1}	デシ	d
10^{15}	ペタ	P	10^{-2}	センチ	c
10^{12}	テラ	T	10^{-3}	ミリ	m
10^{9}	ギガ	G	10^{-6}	マイクロ	μ
10^{6}	メガ	M	10^{-9}	ナノ	n
10^{3}	キロ	k	10^{-12}	ピコ	p
10^{2}	ヘクト	h	10^{-15}	フェムト	f
10^{1}	デカ	da	10^{-18}	アト	a

表 1.5 国際単位系と併用してよい単位

量	単位の名称	単位記号	基本単位との関係
時間	分	m	1 m = 60 s
時間	時	h	1 h = 3 600 s
時間	日	d	1 d = 86 400 s
角度	度	°	$\pi/180$ rad
角度	分	′	$\pi/10\,800$ rad
角度	秒	″	$\pi/648\,000$ rad
体積	リットル	L	$1\,L = 10^{-3}\,m^3$
質量	トン	t	$1\,t = 10^3\,kg$
質量	原子質量単位	amu	$1\,amu = 1.660\,540\,2 \times 10^{-27}\,kg$
エネルギー	電子ボルト	eV	$1\,eV = 1.602\,177\,33 \times 10^{-19}\,J$

単位は 10 個あり，それらを表 1.5 に示す．

これら以外にも基本的な物理定数に依存する単位がまだ多く用いられている．大気の圧力を表す単位「気圧」，"atm"は，101.325 kPa と定義されている．これらの中には非常に便利な単位もあり，日常生活の中ではまだまだ使われているものも多いが，科学の世界では段々と国際単位系に移行していくであろう．本書では基本的に国際単位系を用い，基本単位と，表 1.3 の組立単位，表 1.5 の併用できる単位を用いて表現することとする．

練習問題

1.1 次の物理量の単位を基本単位から組み立てて表せ．
① エネルギー
② 仕事率
③ 静電容量
④ 抵抗
⑤ 磁束密度
⑥ 照度
⑦ 質量エネルギー付与

1.2 次の物理定数を単位とともに表し，その単位を基本単位から組み立てて表せ．

① 気体定数
② ファラデー定数
③ ボルツマン定数
④ プランク定数

1.3 7つの基本単位のうち，他の基本単位を使用せずに定義されている単位をあげよ．

2. 原子のなりたち

現在の文明を支える材料や物質はすべて、100に満たない限られた種類の元素をもとにつくられていることに私たちは感動を覚える．物質を微視的に見ると原子や分子の集合体ということになり、分子は原子が化学結合してできたものである．さらに、さまざまな材料は、物質からできているが、この物質は分子が多数集合したものである．原子・分子の理解をするためには、量子論の基礎的な理解が必須である．

この章では、化学結合を理解するための第一段階として、原子の構造に関して量子化学の基礎を学ぶ．

2.1 原子の構造

原子は、かつて最小の物質単位として考えられていたが、実は構成成分をもち、原子核と電子からなっており、さらに原子核は陽子 (proton) と中性子 (neutron) からなることが、19世紀末からしだいに明らかになった．

1897年にイギリスのJ. J. Thomsonは、真空放電の実験から磁場偏向する陰極線を発見した．これによって電荷と質量の比（比電荷）が決定され、電子 (electron) の存在が明らかになった．引き続いてMillikanは、1909年、油滴実験から電子の電荷を決定した．電子の電荷は電気量の最小単位として、電気素量といわれる．電子の質量と電荷はそれぞれ $m_e = 9.1093897 \times 10^{-31}$ kg, $e = -1.6021773 \times 10^{-19}$ C である．

一方、原子核に関しては、1911年にイギリスのRutherford（図2.1）が行ったα線（ヘリウムの原子核）散乱実験で、ほとんどのα線は薄い金箔を透過するにもかかわらず、大きく散乱されるものがあることからその存在が明らかになった．この現象は、Thomsonが提唱した正電荷成分中に電子が分散しているモデルでは説明することができず、原子の質量の大部分が原子核に集中し、そのまわりを電子が回っているというモデルが正しい描像であった（当時、日本でも理化学研究所の長岡半太郎によって同様なモデルが提唱されたので、長岡-ラザフォードモデルと呼ばれる）．

さらに、原子核は陽子と中性子からなり、それぞれの静止質量は $m_p = 1.6726 \times 10^{-27}$ kg, $m_n = 1.6749 \times 10^{-27}$ kg であり、陽子質量は電子質量のおよそ1840倍である．したがって、電子の運動する間に、原子核は静止しているという近似（ボルン-オッペンハイマー近似：Born-Oppenheimer approximation）を今後は用いることにする．陽子は正の電荷 $+e$ をもち、中性子は電荷をもたない．

原子核の種類は、原子番号 Z と質量数 A によって決められる．原子番号は原

図 2.1 E. Rutherford

子核に含まれる陽子の数に対応し，周期表は元素を原子番号順に並べたものになる．

ロシアの化学者 Mendeleev は，1869 年に元素の間に性質の類似性があることを見つけてこれを周期表の形にまとめた．元素の重さと性質の組み合わせから得られた周期表の空いた部分に，当時は未発見だった Ga, Ge, Sc の存在が予言され，これらの元素は予言されたとおりの性質をもっていたことから，周期表の信頼性は一層高まった．イギリスの Moseley は，1913 年に種々の元素の特性 X 線中の対応するスペクトル線の波数 κ は原子番号 Z に対して，

$$\sqrt{\kappa} = K(Z-s) \quad (K, s はスペクトル線の種類によって決まる定数) \quad (2.1)$$

に従って変化するという法則を発見した．この変化は元素のもつ陽子の数で説明できることになり，これによって元素の原子番号が決定された．

2.2 前期量子論

原子・分子の世界で，最も重要な点は，原子や分子には，それぞれに固有の決まったエネルギーがあり，とびとびの（離散的な）エネルギーしかとりえないということである（量子力学：quantum mechanics）．これをエネルギー準位（energy level）が離散的（discrete）であるという．

原子や分子からの光の発光や吸収で観測される光の波長は，常に決まった値をもつ．すなわち，とびとびのエネルギー準位間での電子遷移がこれに対応する．

これに対して，ニュートン力学（古典力学：classical mechanics）（熱力学（thermodynamics）も含まれる）では，エネルギーが連続的（continuous）で，どのエネルギーレベルもとりうる（エネルギーレベルは実質的に存在しない）．

20 世紀初頭の 1900 年，ドイツの Max Planck（図 2.2）は，エネルギー量子（quantum）という新しい概念を導入した．黒体放射（black-body radiation）のエネルギー分布則の研究から，振動数 ν の調和振動子のエネルギーが $h\nu$ の整数倍に量子化されているという量子仮説（quantum theory）を提出した．これを熱

図 2.2 Max Planck

放射に関連させた Planck の放射法則（radiation law）の研究は量子論の基礎を築くことになり，この功績により Planck は 1918 年ノーベル物理学賞を受賞した．物質はいろいろな振動数をもつ振動子の集まりであると考え，振動数 ν の振動子のエネルギー E は単位量 h の整数倍の値しかとれない，すなわち離散的（不連続）な値をとると仮定した．これは，

$$E = nh\nu \quad (n は整数) \tag{2.2}$$

と表すことができる．$h\nu$ がエネルギー量子と呼ばれる量であり，h はプランク定数（Planck's constant）と呼ばれる比例定数である（$h = 6.626 \times 10^{-34}$ Js）．

2.3 光電効果

Huygens は，1678 年に光の波動説を唱えた．光の干渉作用や回折現象は，波動に特徴的な現象である．一方，1888 年にドイツの Hallwachs は，金属表面に光を照射すると光電子放出が起こることを発見した．光電子のエネルギーは光の強度に依らないが，光の強度を大きくすると光電子の個数が増加する．また，振動数が大きいほど光電子のエネルギーは増加する．これらの実験結果は，光が波動であるとする限り説明ができず，光が粒子性をもつとする Einstein の光量子仮説によって初めて説明が可能になる．Einstein は光電効果の研究により 1921 年にノーベル物理学賞を受賞した．

プランク定数を h，光の振動数 ν とすると，光電子のエネルギーは E_{max} は式 (2.3) によって表される．

$$E_{max} = h\nu - W \tag{2.3}$$

ここで，W は，固体表面から電子を取り出すのに必要なエネルギーで，仕事関数とよばれる．光電効果は，光（電磁波）が波動性と粒子性の二重性をもつことにほかならない．

図 2.3　de Broglie

2.4　物 質 波

　光電効果にみられるように，光が粒子としての性質と波動としての性質を合わせ持つならば，電子のような粒子もまた波動としての性質を示すに違いないと，1923年にフランスの物理学者の de Broglie（図 2.3）は考えた．これをド・ブロイ波（de Broglie wave）もしくは物質波（material wave）という．

　Einstein の相対性原理（principle of relativity）によれば，エネルギーと質量は等価であり，両者の関係は次式で表される．

$$E = mc^2 \tag{2.4}$$

ここで，m は粒子の質量，c は光速度である．もし，粒子が光子とすると，エネルギーはプランクの式から，

$$E = h\nu$$

したがって，$mc^2 = h\nu$ となり，両辺を c で割ると，

$$mc = \frac{h\nu}{c} = \frac{h}{\lambda} \tag{2.5}$$

を得る．mc は光子の運動量 p に相当するので，一般に速度 v，質量 m の粒子では，

$$mv = \frac{h}{\lambda} \tag{2.6}$$

$$\lambda = \frac{h}{p} \tag{2.7}$$

したがって，$\lambda = h/mv$ の波長をもつ波動でもあるという大胆な仮説が成り立つことになる．この原理は G. P. Thomson の電子顕微鏡の開発への先駆的な実験装置の開発につながった．結晶での回折現象と類似の回折像を電子線でも得られることが確認され，電子の波動性が確認されたことにより，G. P. Thomson は Davisson とともに 1937 年，ノーベル物理学賞を受賞した．

　電子の電荷は 1.602×10^{-19} C なので，1 V の電位差で加速された電子のエネル

ギーは,

$$1\,\mathrm{eV} = (1.6022 \times 10^{-19}\,\mathrm{C}) \times 1\,\mathrm{V} = 1.6022 \times 10^{-19}\,\mathrm{J} \tag{2.8}$$

となるから,陰極と陽極の間の電圧を 10^5 V とすると,陰極から出た電子が陽極に達するときの運動エネルギー $\frac{1}{2}mv^2$ は,

$$(1.6022 \times 10^{-19}) \times 10^5\,\mathrm{V} = 1.6022 \times 10^{-14}\,\mathrm{J} \tag{2.9}$$

となる.したがって電子の速度は,

$$v = \sqrt{\frac{2 \times (1.6022 \times 10^{-14})}{9.109 \times 10^{-31}}}\,\mathrm{m\,s^{-1}} = 1.88 \times 10^{8}\,\mathrm{m\,s^{-1}} \tag{2.10}$$

このときの波長は,次のように求められる.

$$\begin{aligned}\lambda &= \frac{6.626 \times 10^{-34}\,\mathrm{J\,s}}{(9.109 \times 10^{-31}\,\mathrm{kg}) \times (1.88 \times 10^{8}\,\mathrm{m\,s^{-1}})} \\ &= 3.87 \times 10^{-12}\,\mathrm{m}\end{aligned} \tag{2.11}$$

2.5 水素原子の輝線スペクトル

水素放電管に高電圧をかけたときに得られるスペクトルは輝線になり,その線スペクトルはいくつかの系列に分けられ,次式の関係が成り立つことが 1885 年に見出された.

$$\frac{1}{\lambda} = R\left(\frac{1}{n_1^2} - \frac{1}{n_2^2}\right) \quad (n_1,\ n_2\ \text{は正の整数},\ n_1 < n_2) \tag{2.12}$$

スペクトル系列のうち,$n_1 = 2$ の場合は,可視光領域に輝線スペクトルが現れる.1885 年の最初の発見者 Balmer にちなんでバルマー系列と呼ばれる.その後,紫外領域には $n_1 = 1$ に対応するライマン系列,赤外領域に $n_1 = 3$ のパッシェン系列,$n_1 = 4$ のブラケット系列も発見された(図 2.4).それぞれ,発見者の Lyman,Paschen,Brackett にちなむ.

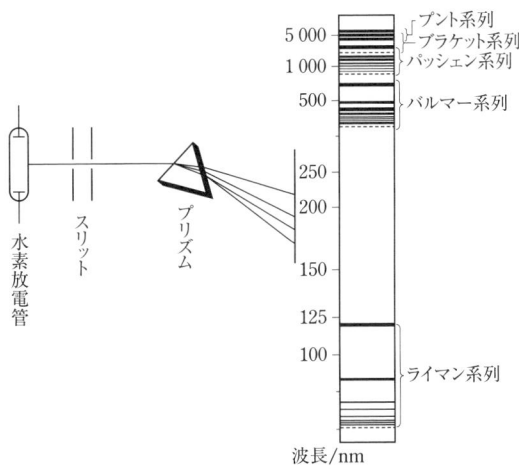

図 2.4 水素原子の輝線スペクトル

ライマン系列 ： $\dfrac{1}{\lambda} = R\left(\dfrac{1}{1^2} - \dfrac{1}{n^2}\right)$ （$n \geq 2$）

バルマー系列 ： $\dfrac{1}{\lambda} = R\left(\dfrac{1}{2^2} - \dfrac{1}{n^2}\right)$ （$n \geq 3$）

パッシェン系列 ： $\dfrac{1}{\lambda} = R\left(\dfrac{1}{3^2} - \dfrac{1}{n^2}\right)$ （$n \geq 4$）

ブラケット系列 ： $\dfrac{1}{\lambda} = R\left(\dfrac{1}{4^2} - \dfrac{1}{n^2}\right)$ （$n \geq 5$）

ここで，$R = 1.09737 \times 10^7 \, \mathrm{m^{-1}}$（リュードベリ定数：Rydberg constant）である．この輝線スペクトルは水素原子がもつ構造に対応している．

Rutherford は，正の電荷 $+e$ をもつ原子核のまわりを質量 m_e，電荷 $-e$ の電子が回転運動をしているというモデル（水素原子のラザフォード模型）を考えた．遠心力と静電気力（電子と原子核のクーロン力）が釣り合っていると考えると，次式が成り立つ．

$$\frac{m_e v^2}{r} = \frac{1}{4\pi\varepsilon_0} \times \frac{e^2}{r^2} \tag{2.13}$$

ここで，ε_0 は真空の誘電率 $8.854 \times 10^{-12} \, \mathrm{F \, m^{-1}}$ である．

電子と原子核との間に働く静電気力による位置エネルギーは $-\dfrac{1}{4\pi\varepsilon_0} \times \dfrac{e^2}{r}$ であり，電子の全エネルギーは，運動エネルギーと静電気力による位置エネルギーの和であるので，

$$E = \frac{1}{2} m_e v^2 - \frac{1}{4\pi\varepsilon_0} \times \frac{e^2}{r} \tag{2.14}$$

これに式（2.13）を代入すると，

$$E = \frac{1}{2} \times \frac{1}{4\pi\varepsilon_0} \times \frac{e^2}{r} - \frac{1}{4\pi\varepsilon_0} \times \frac{e^2}{r} = -\frac{1}{4\pi\varepsilon_0} \times \frac{e^2}{2r} \tag{2.15}$$

電子が原子核に束縛されているために（E が安定化しているために），E は負になる．

2.6 ボーアの量子条件

古典力学では，電荷をもった電子が円運動すると，電子のエネルギーは電磁波を放出してしだいに減少し，原子核に吸収されてしまうことになる．ラザフォード模型の破綻はこの点にある．

1913年，Bohr（図2.5）は第1仮説として，原子内の電子にはいくつかの安定な軌道があり，この軌道を回っている電子は電磁波を出さないという，ボーアの量子条件を導入した．この安定な軌道の満たす条件は，

$$m_e v r = \frac{h}{2\pi} \times n \quad (n = 1, 2, \cdots) \tag{2.16}$$

2.6 ボーアの量子条件

図 2.5　N. Bohr

ここで，h はプランク定数（6.626×10^{-34} J s）である．$m_e vr$ は回転運動の勢いを意味する角運動量である．したがって，ボーアの量子条件は「電子の角運動量は，自由な値をとりえず，$h/2\pi$ の整数倍の値をとる」，すなわち電子の角運動量は量子化されていることになる．円形の軌道を動く電子の角運動量が $h/2\pi$ の整数倍である，とびとびの軌道だけが許される．

n を量子数（quantum number）という．電子がこれらの軌道にある状態は，エネルギーの放出を伴わない安定な状態である．

電子の円運動の遠心力 $\dfrac{m_e v^2}{r}$ が静電気力 $\dfrac{1}{4\pi\varepsilon_0}\times\dfrac{e^2}{r^2}$ と釣り合うことから，

$$\frac{m_e v^2}{r}=\frac{1}{4\pi\varepsilon_0}\times\frac{e^2}{r^2} \tag{2.17}$$

これから安定な軌道半径 r_n は $n=1$ のときの半径 a_0 をボーア半径（Bohr radius）という．

$$r_n=\frac{\varepsilon_0 h^2}{\pi m_e e^2}\times n^2 \qquad r_1=5.2918\times 10^{-11}\,\text{m}=0.529\,\text{Å} \tag{2.18}$$

電子の全エネルギー E は運動エネルギーと静電エネルギーとの和であるので，

$$E=\frac{1}{2}m_e v^2-\frac{1}{4\pi\varepsilon_0}\times\frac{e^2}{r} \tag{2.19}$$

電子のエネルギー E が求まる．E は $\dfrac{1}{n^2}$ に比例するエネルギー準位（energy level）をもち，とびとびの値をとる．

$$E_n=-\frac{m_e e^4}{8\varepsilon_0^2 h^2}\times\frac{1}{n^2}\quad (n=1,\,2,\,\cdots) \tag{2.20}$$

この整数 n は量子数であるが，特に主量子数（principal quantum number）という．$n=1$ のとき，電子は最も内側の軌道を回っている最も安定な状態で，この状態を基底状態（ground state）という．

$$E_1=-2.18\times 10^{-18}\,\text{J}=-13.6\,\text{eV} \tag{2.21}$$

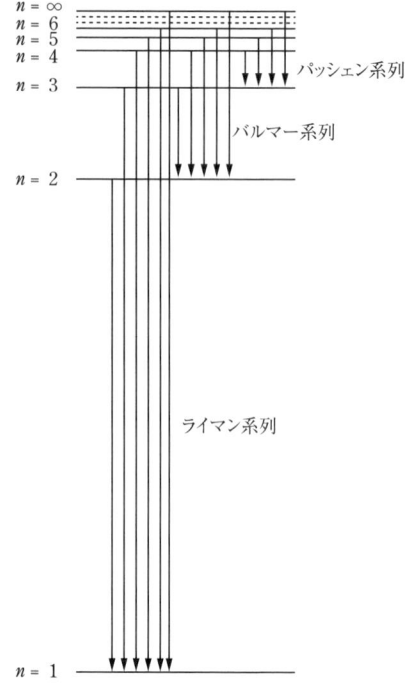

図2.6 電子の軌道間遷移と水素原子の輝線スペクトル

$n=2$, 3, …の状態は励起状態（excited state）という．$n=\infty$では$E=0$となる．これはイオン化状態，すなわち電子が原子核の束縛を振り切って無限遠に飛び去った状態に対応する．したがって，エネルギーが$-13.6\,\mathrm{eV}$と負になっているのは，$13.6\,\mathrm{eV}$だけ安定化していることになり，$13.6\,\mathrm{eV}$のエネルギーを与えることによって，基底状態の水素原子をイオン化することができることになる．

Bohrは，第2仮説として，ボーアの振動数条件を提案した．電子がエネルギーE_nの状態から，それより低いエネルギー状態$E_{n'}$に遷移するとき，次式に示す振動数νの光を放出する．ここで，hはプランク定数である．

$$\Delta E = E_n - E_{n'} = h\nu \tag{2.22}$$

Planckによれば，振動数νの光は$h\nu$のエネルギーをもった光子と考えられることから，ボーアの振動数条件が導かれた．

したがって，電子がエネルギーE_nの状態から，それより低いエネルギー状態$E_{n'}$に遷移するとき，放出する光の振動数は，

$$\nu = \frac{E_n - E_{n'}}{h} = \frac{m_e e^4}{8\varepsilon_0^2 h^3} \times \left(\frac{1}{n'^2} - \frac{1}{n^2}\right) \tag{2.23}$$

光の振動数ν，波長λ，光速度cとすると，$c=\nu\lambda$であるから，

$$\frac{1}{\lambda} = \frac{\nu}{c} = \frac{m_e e^4}{8\varepsilon_0^2 ch^3} \times \left(\frac{1}{n'^2} - \frac{1}{n^2}\right) \tag{2.24}$$

ここで，$R = \dfrac{m_e e^4}{8\varepsilon_0^2 ch^3}$とおくと，

図 2.7 E. Schrödinger

$$\frac{1}{\lambda} = R\left(\frac{1}{n'^2} - \frac{1}{n^2}\right) \quad (n, n' は正の整数, n > n') \tag{2.25}$$

R は，リュードベリ定数（$1.097\,373 \times 10^7$ m^{-1}）にほかならない．

$n' = 2$，$n = 3, 4, \cdots$ のとき，水素原子が $E_3, E_4, \cdots$ のエネルギー状態から，E_2 のエネルギー状態に遷移するときに放出される輝線スペクトル，すなわちバルマー系列を示している．同様に $n' = 1$，$n = 2, 3, \cdots$ のときはライマン系列，$n' = 3$，$n = 4, 5, \cdots$ のときはパッシェン系列に対応する（図 2.6）．

ボーアの原子模型で，原子核のまわりの軌道を回る電子は，1 周した点でド・ブロイ波の節が一致しないと，やがて波としての性質を失ってしまうことから，波の位相の整数倍が円周の長さ $2\pi r_n$ と一致するという条件が必要である．すなわち，

$$n\lambda = 2\pi r_n \tag{2.26}$$

たとえば，$n = 1$ のとき，波長 λ は軌道の円周の長さ $2\pi r_1$ に一致する．

式 (2.26) に式 (2.6) を代入すると，

$$\frac{nh}{m_e v} = 2\pi r_n \tag{2.27}$$

が得られる．これから式 (2.16) が導かれる．ボーアの量子仮説は，すなわち電子が定常状態にあるための必要条件に他ならない．

2.7　シュレディンガーの波動方程式

1926 年，Schrödinger（図 2.7）は，電子の挙動を記述する波動方程式を提出した．

$$-\frac{h^2}{8\pi^2 m_e} \nabla^2 \psi + U\psi = E\psi \tag{2.28}$$

ここで，∇^2 はラプラス演算子（ラプラシアン）と呼ばれる 2 次の偏微分を示す演算子である．

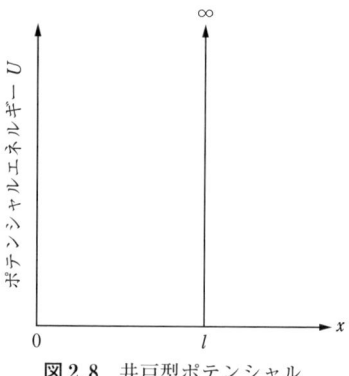

図 2.8 井戸型ポテンシャル

$$\nabla^2 = \frac{\partial^2}{\partial x^2} + \frac{\partial^2}{\partial y^2} + \frac{\partial^2}{\partial z^2} \tag{2.29}$$

U はポテンシャルエネルギー，E はエネルギー，φ は波動関数 (wave function) と呼ばれる．ハミルトン演算子（ハミルトニアン）を $\mathcal{H}$ と定義すると，シュレディンガー波動方程式は，$\mathcal{H}\varphi = E\varphi$ と表せる．

波動方程式を図 2.8 のような長さ l の 1 次元の箱の中にある電子に適用する．
1 次元井戸型ポテンシャル関数 $U(x)$ は，

$$U(0) \to \infty, \quad U(0<x<l) = 0, \quad U(l) \to \infty$$

で表すことができる．箱の内部の $0<x<l$ の範囲では，波動関数は，

$$\frac{\mathrm{d}^2\varphi}{\mathrm{d}x^2} + \frac{8\pi^2 m_\mathrm{e}}{h^2} E\varphi = 0 \tag{2.30}$$

と書かれるので，その一般解は A と B を任意の定数として，次のように求めることができる．

$$\varphi = A \sin\sqrt{\frac{8\pi^2 m_\mathrm{e} E}{h^2}} x + B \cos\sqrt{\frac{8\pi^2 m_\mathrm{e} E}{h^2}} x \tag{2.31}$$

ここで，波動関数は 1 価，連続，有限でなければならない．波動関数の物理的意味を考えると，波動関数の 2 乗が電子の存在確率に対応し，$\varphi^2 \mathrm{d}V$ は電子が体積 $\mathrm{d}V$ にある確率ということになる．また，波動関数自体は有限の値をとり，空間の特定の位置である特定の値をとり，また，関数として座標に対して連続的でなければならないという意味である．

まず，境界条件を考えてみよう．箱の外では $U(x) = \infty$ なので，波動関数の存在確率は 0，つまり $x=0$，$x=l$ で，$\varphi(0) = \varphi(l) = 0$ である．$x=0$ で波動関数が値をもたないためには $B=0$ でなければならない．また，$\varphi(l) = A \sin\sqrt{\dfrac{8\pi^2 m_\mathrm{e} E}{h^2}} l = 0$ である．これが成り立つためには，$\sqrt{\dfrac{8\pi^2 m_\mathrm{e} E}{h^2}} l = n\pi$ ($n=1, 2, \cdots$) とならなければならない．

2.7 シュレディンガーの波動方程式

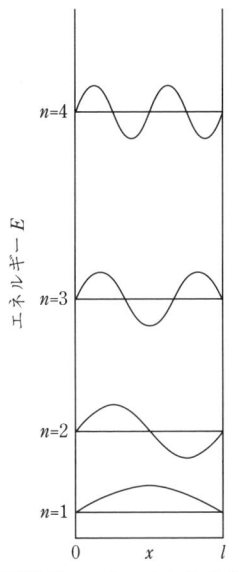

図 2.9 井戸型ポテンシャルにおける波動関数

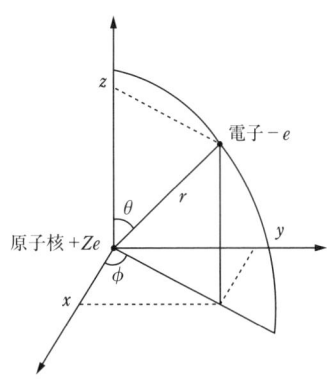

図 2.10 水素類似原子の極座標系

この関係式 $\sqrt{\dfrac{8\pi^2 m_e E}{h^2}} = \dfrac{n\pi}{l}$ から E を求めることができる.

$$E_n = \frac{h^2}{8 m_e l^2} \times n^2 \tag{2.32}$$

ここで，n は量子数，E_n は量子数 n に対するエネルギー準位になる．この式から，系が連続的なエネルギー準位をとることができず，離散的なエネルギー値のみをとることがわかる．得られた離散的エネルギー値を固有値 (eigen value) といい，もとになる波動関数を固有関数 (eigen function) という．エネルギー値は連続的にならず，量子化されていて離散的であることに特に留意してほしい．

波動関数の 2 乗は電子の存在確率を示すことから，その確率を全空間にわたって積分すると 1 になる．これを波動関数の規格化 (normalization of wavefunction) という．

$$\iiint \varphi^2 \, dV = 1 \tag{2.33}$$

箱の中に 1 個の電子があるとき，1 次元の井戸型ポテンシャルにおいては，波動関数 $\varphi_n(x) = A \sin \dfrac{n\pi}{l} \cdot x$ の規格化条件から，

$$\int_0^l \varphi_n^2(x) \, dx = 1 \tag{2.34}$$

であり，これから，

$$A = \sqrt{\frac{2}{l}} \tag{2.35}$$

である．

ゆえに，$\varphi_n = \sqrt{\dfrac{2}{l}} \sin \dfrac{n\pi}{l} \cdot x$

　1次元井戸型ポテンシャルで得られた電子は，ニュートン力学（古典力学）における粒子とは異なり，エネルギーは連続的でなくとびとびであり基底状態のエネルギーも0ではない．量子力学においては古典力学における粒子の運動とは大きく異なるということを強調しておきたい．また，電子の存在確率の空間分布も均一でないことが，1次元井戸型ポテンシャルの簡単なモデル（図2.9）からわかる．

a．水素原子のシュレディンガー波動方程式

　水素原子のシュレディンガー波動方程式を考えてみよう．まず，一般的に原子核に電荷が$+Ze$の電荷をもち，1個の電子が(x, y, z)の位置に存在する図2.10のような座標系を考える．1個の電子のみを含む，たとえば，He^+，Li^{2+}，Be^{3+}，B^{4+}などを水素類似原子（hydrogen-like atom）という．電子間相互作用を考慮する必要がないため，水素原子と同様に扱うことができる．

　1電子系原子核と水素類似原子では電子が引き合うことによって，そのポテンシャルエネルギーは，電荷の積に比例し，電子と原子核との距離rに反比例する．

$$U = -\dfrac{1}{4\pi\varepsilon_0} \times \dfrac{Ze^2}{r} \tag{2.36}$$

したがって，シュレディンガー波動方程式は以下のように表せる．$Z=1$の水素原子では次のようになる．

$$-\dfrac{h^2}{8\pi^2 m_e} \times \left(\dfrac{\partial^2}{\partial x^2} + \dfrac{\partial^2}{\partial y^2} + \dfrac{\partial^2}{\partial z^2}\right)\psi + U\psi = E\psi \tag{2.37}$$

一般に，原子核と電子1個の系である水素類似原子では原子核の電荷は$+Ze$なので，水素類似原子のシュレディンガー波動方程式は以下のようになる．電子1個の系，すなわち水素類似原子では，電子間相互作用を考慮する必要がないので，シュレディンガー波動方程式を厳密に解くことができる．

$$\left(-\dfrac{h^2}{8\pi^2 m_e}\nabla^2 - \dfrac{Ze^2}{4\pi\varepsilon_0 r}\right)\psi = E\psi \tag{2.38}$$

このままではシュレディンガー波動方程式を解くことはできないが，直交座標系(x, y, z)を極座標系$(r, \theta, \phi)^*$に変換することによって動径部分（原子核からの距離r）と角度部分（z軸およびx軸からの角度θおよびϕ）に変数分離することができ，解を得ることができる．

$$x = r\sin\theta\cos\phi \qquad y = r\sin\theta\sin\phi \qquad z = r\cos\theta$$

　この導出過程はいささか複雑なので，ここでは省略するが，r, θ, ϕの関数である波動関数$\psi(r, \theta, \phi)$を，それぞれの変数を含む3つの関数$R(r)$，$\Theta(\theta)$，$\Phi(\phi)$の積として表すことができるということである．

$$\psi(r, \theta, \phi) = R(r)\Theta(\theta)\Phi(\phi) \tag{2.39}$$

　これを解くには，3つの量子数n，l，m_lが必要となる．量子数$n (n=1, 2, 3, \cdots)$は，主量子数と呼ばれ，波動関数の動径部分$R(r)$から定められ，軌道の大きさとエネルギー固有値にかかわる．水素類似原子におけるエネルギー固有値

2.7 シュレディンガーの波動方程式

表2.1 水素類似原子の動径部分 $R(r)$ と角度部分 $\Theta(\theta)\Phi(\phi)$

n	l	m_l	$R_{ml}(r)$	$Y_{lm_l}(\theta, \varphi)$
1	0	0	$\psi_{1s} = 2\left(\dfrac{Z}{a_0}\right)^{3/2} e^{-Zr/a_0}$	$\left(\dfrac{1}{4\pi}\right)^{1/2}$
2	0	0	$\psi_{2s} = \dfrac{1}{2\sqrt{2}}\left(\dfrac{Z}{a_0}\right)^{3/2}\left(2-\dfrac{Zr}{a_0}\right)e^{-Zr/2a_0}$	$\left(\dfrac{1}{4\pi}\right)^{1/2}$
2	1	0	$\psi_{2p_z} = \dfrac{1}{2\sqrt{6}}\left(\dfrac{Z}{a_0}\right)^{3/2}\left(\dfrac{Zr}{a_0}\right)e^{-Zr/2a_0}$	$\left(\dfrac{3}{4\pi}\right)^{1/2}\cos\theta$
2	1	±1	$\psi_{2p_x} = \dfrac{1}{2\sqrt{6}}\left(\dfrac{Z}{a_0}\right)^{3/2}\left(\dfrac{Zr}{a_0}\right)e^{-Zr/2a_0}$	$\left(\dfrac{3}{4\pi}\right)^{1/2}\sin\theta\cos\varphi$
			$\psi_{2p_y} = \dfrac{1}{2\sqrt{6}}\left(\dfrac{Z}{a_0}\right)^{3/2}\left(\dfrac{Zr}{a_0}\right)e^{-Zr/2a_0}$	$\left(\dfrac{3}{4\pi}\right)^{1/2}\sin\theta\sin\varphi$

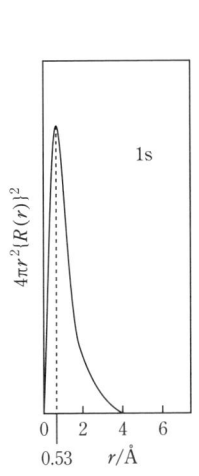

図2.11 水素原子1s軌道の動径分布関数

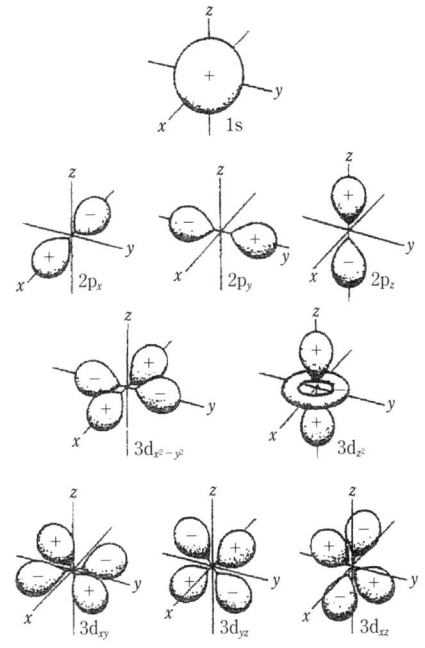

図2.12 電子分布の角度依存性

は，以下のようになる．

$$E_n = -\frac{m_e e^4}{8\varepsilon_0^2 h^2} \times \frac{Z^2}{n^2} \quad (n=1, 2, 3, \cdots) \tag{2.40}$$

求められるエネルギー固有値はボーア理論（Bohr's theory）と完全に一致している．

量子数 l（$l = 0, 1, 2, \cdots, n-1$）は方位量子数（azimuthal quantum number）と呼ばれ，波動関数の角度部分 $\Theta(\theta)$ から定められ，軌道の形を決める．1つの n の値に対して0から $n-1$ までの値をとり，$l = 0, 1, 2, 3, \cdots$ に対する軌道関数はそれぞれs, p, d, f, …と呼ばれ，軌道の形を表す．水素類似原子の動径部分と角度部分は主量子数 $n = 1, 2$ では表2.1のようになる．

表 2.2 原子内電子の状態を規定する量子数

名称	記号	許される値	対応する軌道の性質
主量子数	n	1, 2, 3, …	軌道の大きさ
方位量子数	l	0, 1, 2, …, $n-1$	軌道の形
磁気量子数	m	$-l$, $-l+1$, …, 0, …, $l-1$, l	軌道の配向
スピン量子数	m_s	1/2, $-1/2$	電子のスピン

動径部分 $R(r)$ は r の関数であるが,角度部分 $\Theta(\theta)\Phi(\phi)$ は 1s,2s 軌道では定数になることに注意してほしい.つまり,s 軌道は,1s,2s,3s,…軌道にかかわらず,すべて球対称性をもつ軌道であるといえる.電子の存在確率は ψ^2 で与えられるので,古典力学的な軌道を回る描像ではなく,原子核のまわりにある確率密度をもって分布することになる.原子核から動径 $r \sim r+dr$ の間にある電子の存在確率を $4\pi r^2 |R(r)|^2$(動径分布関数(radial distribution function)という)で表すと図 2.11 のようになり,1s 軌道においては,動径分布関数の極大点は,ちょうどボーア理論の軌道半径に一致する.

s 軌道関数は球対称,p 軌道関数は亜鈴型の 3 種類の軌道の形,また d 軌道は 5 種類の形状をもつ(図 2.12).

量子数 m_l ($m_l = -l$, $-l+1$, …, 0, …, $l-1$, l) は磁気量子数(magnetic quantum number)と呼ばれ,方位量子数 l に依存する値をとるので,m_l と書かれ,軌道の配向を示している.

4 つ目の量子数は,スピン量子数(spin quantum number)と呼ばれ,m_s($m_s = \pm 1/2$)で表される.電子スピンを表すスピン量子数の値は $m_s = +1/2$ か $m_s = -1/2$ の 2 つの値のどちらかで表される.

Uhlenbeck と Goudsmit は,ナトリウムの D 線が 5 896 Å と 5 890 Å の 2 本の輝線スペクトル(スピン二重線)からなることを説明するためにスピン量子数を導入した.この黄色線は 3p 軌道から 3s 軌道へ遷移する際に放出されるが,3p 軌道にわずかなエネルギー差があることを示している.

パウリの排他原理(Pauli's exclusion principle)より,1 つの原子に含まれるすべての電子は,これらの 4 つの量子数がそれぞれいずれかが異なっていることが必要であり,4 つとも同じ量子数をもつ電子は存在しない.これらのことをまとめると,表 2.2 のようになる.

b. ヘリウム原子のシュレディンガー波動方程式

多電子原子においては,シュレディンガー波動方程式はどのように考えたらよいのだろうか.原子核に $+Ze$ の電荷をもつ原子核のまわりにただ 1 個の電子のみが存在するイオン,いわゆる水素類似原子のシュレディンガー波動方程式は,式(2.38)の再掲となるが,

$$\left(-\frac{h^2}{8\pi^2 m_e}\nabla^2 - \frac{Ze^2}{4\pi\varepsilon_0 r}\right)\psi = E\psi$$

と書ける.このような 1 電子系においては水素原子同様,シュレディンガー方程

2.7 シュレディンガーの波動方程式

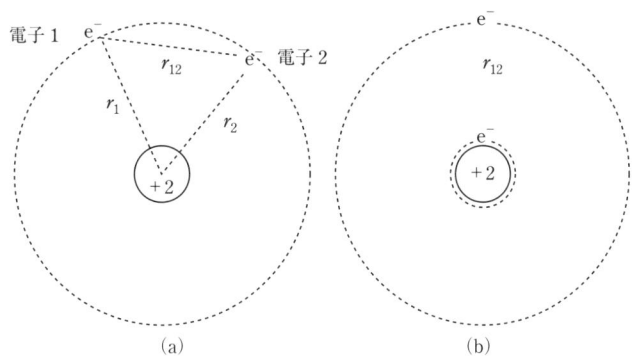

図 2.13 (a) ヘリウム原子の座標系と (b) 有効核電荷の導入

式を厳密に解くことができ，水素類似原子のエネルギーは，

$$E_n = -\frac{2\pi^2 m_e Z^2 e^4}{(4\pi\varepsilon_0)^2 h^2} \times \frac{1}{n^2} \quad (n=1, 2, 3, \cdots) \tag{2.41}$$

となり，ボーア理論と完全に一致する．

したがって，1s 軌道のエネルギー固有値（$Z=1$, $n=1$）は，

$$E_1 = -\frac{2\pi^2 m_e e^4}{(4\pi\varepsilon_0)^2 h^2} = -13.6 \, \text{eV} \tag{2.42}$$

となり，この値の絶対値は，水素原子の 1s 軌道にある電子が $n=\infty$ に対応する $E=0\,\text{eV}$ よりも 13.6 eV だけ安定化していることを示している．すなわち，ボーア理論で基底状態にある電子（$n=1$）を無限遠（$n=\infty$）に飛び出させるのに必要なエネルギーになる．これは水素原子のイオン化ポテンシャルに等しく，実験値もこの値を再現している．

水素類似原子においては，エネルギー固有値は，中心の原子核電荷 Z の 2 乗に比例していることに注意してほしい．たとえばヘリウムイオン（He$^+$）の 1s 軌道（に限らず，すべての軌道）のエネルギー固有値は水素原子の場合に比べて 4 倍（2^2 倍）になる．

これまでの 1 電子系である水素類似原子から，一般的な多電子系原子に拡張するにはどのように考えたらよいだろうか．その代表的な例として，ヘリウム原子のシュレディンガー波動方程式を考えてみよう．ヘリウム原子の 2 個の電子を電子 1 および 2（ただし，1，2 の区別はつかない），それぞれの原子核からの距離を r_1 および r_2，電子間の距離を r_{12} とすると，ヘリウム原子のシュレディンガー波動方程式は次のように書くことができる．

$$\left\{-\frac{h^2}{8\pi^2 m_e}\nabla_1^2 + \left(-\frac{h^2}{8\pi^2 m_e}\nabla_2^2\right) - \frac{2e^2}{4\pi\varepsilon_0 r_1} - \frac{2e^2}{4\pi\varepsilon_0 r_2} + \frac{e^2}{4\pi\varepsilon_0 r_{12}}\right\}\psi = E\psi \tag{2.43}$$

この式で第 1 項と第 2 項は，電子 1 および 2 の運動エネルギーに対応し，第 3 項と第 4 項は，電子 1 および 2 と原子核との間の静電相互作用による位置エネルギーに対応する．問題となるのは第 5 項であり，これは電子 1-2 間の電子間相互

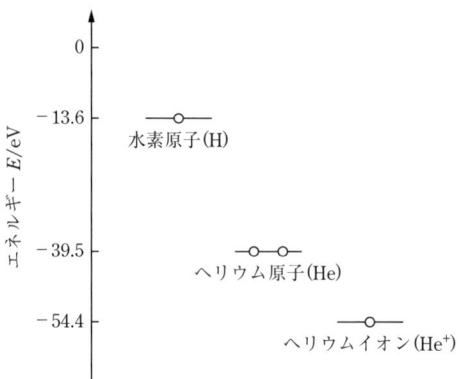

図 2.14 原子の 1s 軌道のエネルギー準位

作用に伴うクーロン反発による位置エネルギーになる.

もしこの項を無視できれば,電子 1 および 2 はそれぞれ別々にシュレディンガー波動方程式を解くことができることになる.その近似法には有効核電荷 Z' の考え方を用いる(図 2.13).電子は古典力学的に解釈されるような 1s 軌道上を回っているのではなく,あくまで電子雲として存在するのであるから,一方の電子に着目するならば,ある瞬間の描像は,ちょうど他方の電子が核からの電荷を遮蔽し,原子核からの電荷の影響が +1 と +2 の間にあるように考えることができる.

Z' の考え方を導入することによって第 5 項を無視することができ,

$$\left\{-\frac{h^2}{8\pi^2 m_e}\nabla_1^2+\left(-\frac{h^2}{8\pi^2 m_e}\nabla_2^2\right)-\frac{Z'e^2}{4\pi\varepsilon_0 r_1}-\frac{Z'e^2}{4\pi\varepsilon_0 r_2}\right\}\psi=E\psi \tag{2.44}$$

これは,

$$\left\{-\frac{h^2}{8\pi^2 m_e}\nabla_1^2-\frac{Z'e^2}{4\pi\varepsilon_0 r_1}+\left(-\frac{h^2}{8\pi^2 m_e}\nabla_2^2\right)-\frac{Z'e^2}{4\pi\varepsilon_0 r_2}\right\}\psi=E\psi \tag{2.45}$$

と書き換えることができるので,電子 1 および 2 のシュレディンガー波動方程式は,水素類似原子のシュレディンガー波動方程式と全く同様に,

$$\left(-\frac{h^2}{8\pi^2 m_e}\nabla_1^2-\frac{Z'e^2}{4\pi\varepsilon_0 r_1}\right)\psi=E_1\psi \tag{2.46}$$

$$\left(-\frac{h^2}{8\pi^2 m_e}\nabla_2^2-\frac{Z'e^2}{4\pi\varepsilon_0 r_2}\right)\psi=E_2\psi \tag{2.47}$$

の波動関数をそれぞれ ψ_1, ψ_2 とすると,全体の波動関数はそれぞれの波動関数の積である $\Psi=\psi_1\psi_2$ と表され,エネルギー固有値 E はそれぞれの固有値 E_1 と E_2 の和として $E=E_1+E_2$ で表される.ここで,電子 1 および 2 ともにそのエネルギーは,

$$E=-\frac{m_e e^4}{8\varepsilon_0^2 h^2}\times\frac{Z'^2}{n^2}\quad(n=1,\ 2,\ 3,\cdots) \tag{2.48}$$

となる.図 2.14 に各原子のエネルギー準位を示す.

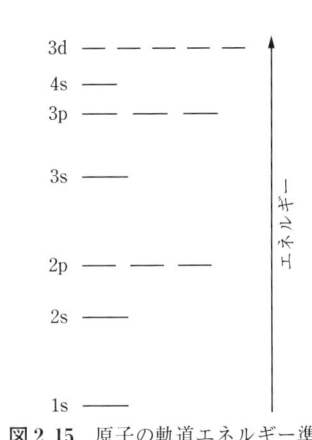

図 2.15 原子の軌道エネルギー準位

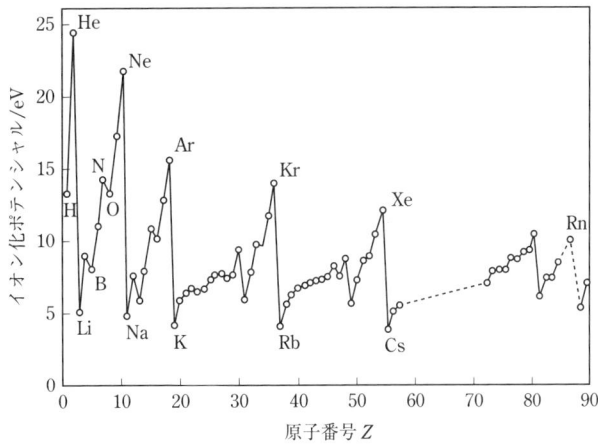

図 2.16 イオン化ポテンシャルの周期性

2.8 原子の電子配置と周期表

電子は，以下の組み立て原理（Aufbau principle）に従って軌道を満たしていく．

① 電子はできるだけエネルギーの低い準位から軌道を満たしていく．

② 2個以上の電子が4つの量子数が等しい状態を同時に占有することはできない（パウリの排他原理）．1つの軌道にはスピン量子数の異なる電子を2個収容できることになる．

③ 縮退軌道を電子が満たすときには，電子は相互の反発を避けるために，できるだけ磁気量子数の異なる軌道に入り，スピン量子数の等しい状態をとる．

原子の電子軌道エネルギー準位を図2.15に示す．この軌道に，「組み立て原理」に従ってエネルギー的に最も安定な軌道（1s）から電子が詰まっていくことになる．周期表はこのようにして構成され，2016年11月30日付，118番元素であるオガネソン（Og）までが正式命名されている．国際純正・応用化学連合（IUPAC）の系統的命名法でこれまでウンウントリウムと呼ばれていた113番元素は，日本で発見されたことからニホニウム（Nh）と決定された．

2.9 イオン化ポテンシャルと電子親和力

イオン化ポテンシャル（ionization potential, あるいはイオン化エネルギー）とは，原子の最外殻にある電子を取り去るのに必要なエネルギーであり，図2.16のような周期性が観測される．

原子Mから電子1個が放出されてイオン化するのに必要なエネルギーを，第1イオン化ポテンシャルといい，原子番号に対する第1イオン化ポテンシャルをプロットしたものが同図になる．

$$M \longrightarrow M^+ + e^- \tag{2.49}$$

電子親和力（electron affinity）は，逆に陰イオンM^-のイオン化エネルギーに

等しく，中性原子から陰イオンが生成するときに放出されるエネルギーに対応する．

$$M + e^- \longrightarrow M^- \tag{2.50}$$

練習問題

2.1 水素原子における換算質量を求めよ．

2.2 ファラデー定数（Faraday constant）は電子 1 モルあたりの電荷量と定義される．ファラデー定数を有効数字 3 桁で計算せよ．

2.3 365 nm の波長をもつ青色発光ダイオードから発光する光子 1 個あたりのエネルギーは何 J か．

2.4 10^5 V のポテンシャル場で加速された陽子ビームの波長を求めよ．

2.5 水素原子の輝線スペクトルのうち，バルマー系列の中で最も長波長側，最も短波長側に観測される輝線の波長をそれぞれ求めよ．

2.6 $R = \dfrac{m_e e^4}{8\varepsilon_0^2 c h^3}$ にそれぞれ物理定数を代入してリュードベリ定数を求めよ．

2.7 物理定数を代入して水素原子の基底状態のエネルギーの値 E_1/eV を求めよ．また，E_2, E_3, E_4 の値を求めよ．

2.8 水素原子を光イオン化するのに必要な光の波長を求めよ．

2.9 1 次元井戸型ポテンシャルにおける波動関数 $\dfrac{d^2\varphi}{dx^2} + \dfrac{8\pi^2 m_e}{h^2} E\varphi = 0$ の一般解は，A および B を任意の定数として，次のように求めることができることを示せ．
$$\varphi = A \sin\sqrt{\dfrac{8\pi^2 m_e E}{h^2}} x + B \cos\sqrt{\dfrac{8\pi^2 m_e E}{h^2}} x$$

2.10 1 次元井戸型ポテンシャルの波動関数 $\varphi_n(x) = A \sin\dfrac{n\pi}{l} \cdot x$ の規格化条件から，$A = \sqrt{\dfrac{2}{l}}$ を求めよ．

2.11 水素原子の 1s 軌道において，電子の存在確率の最も大きい距離は，ボーア半径に等しいことを，動径分布関数 $D(r) = 4\pi r^2 |R(r)|^2$ を微分することによって示せ．

2.12 ヘリウム原子の 1s 軌道エネルギーは -39.5 eV であることから，有効核電荷 Z' の値を見積もれ．

2.13 原子の第 1 イオン化ポテンシャルの周期性を示す図 2.16 を参照して，以下の各項目の理由を簡潔に答えよ．

① 周期表の 1 つの周期内でみると，（特に第 1～第 3 周期において）イオン化ポテンシャルが全般に右上がりの傾向を示す．

② 第 n 周期から第 $n+1$ 周期へ移るところで，イオン化エネルギーが急激に小さくなる．

③ $_4$Be →$_5$B，$_{12}$Mg →$_{13}$Al のところで，イオン化エネルギーが右下がりに小さくなる．

④ $_7$N →$_8$O，$_{15}$P →$_{16}$S のところで，イオン化エネルギーが右下がりに小さくなる．

3. 分子のなりたち

　原子のエネルギー状態は，量子力学によって記述されることを前章で述べた．電子の波動性を基本とする量子力学が，古典力学と大きく異なってみえるのは，エネルギーが離散的（とびとび）であるという点である．実は，このエネルギー準位の差が極限まで小さくなる状態が古典力学で説明される私たちの日常生活が営まれる世界ということになる．

　分子の世界もまた，原子と同じく量子力学が支配する世界であり，原子と同じように理解される．原子が電子を介して化学結合すると分子が形成される．さらに，日々新たな分子さらに物質が合成され，それらがそれぞれ新たな機能発現が期待されて，新材料を生み出していくのである．

　ここでは，まず原子からどのように分子が形成されるのかを考える．

3.1 共有結合

a. LCAO法

　前章で扱った水素類似原子のように，シュレディンガー波動方程式によって原子の中の電子の運動が波動関数で表され，電子の存在確率，また，そのエネルギー状態を知ることができた．分子に関しても，それを構成する分子が形づくるポテンシャル場の中で，電子がいかに振る舞うかを考察することになる．この考え方を分子軌道法（molecular orbital method：MO）という．原子がエネルギー準位を与えるように，分子が原子から形成されるとき，分子軌道を形成する．この分子軌道に分子内の電子が詰まっていき，分子全体の波動関数が構成される．分子軌道が形成される場合にも組み立て原理が当てはまり，電子配置が決まることになる．電子は一定の分子軌道に割り当てられ，パウリの排他原理に従って，同じスピン量子数をもつ2つ以上の電子が，与えられた分子軌道を同時に占有することはできない．また，特定の分子軌道にある電子は一定のエネルギーを有し，できるだけエネルギーの低い分子軌道から入る．同じエネルギー準位の分子軌道が複数形成されるとき，これらを縮退軌道（degeneracy，あるいは縮重軌道）という．このとき，電子はフントの規則（Hund's rule）に従って，相互反発を避けるためにできるだけ異なる軌道に入り，スピン量子数の等しい状態をとる．

　分子軌道関数と分子のエネルギー状態を求めるためには，シュレディンガー波動方程式を解くことになるが，水素類似原子ですでに学んだように，電子が2個以上の系では，いわゆる三体問題になり，その方程式を厳密に解くことができない．したがって，適当な近似法を導入することになる．この近似法をLCAO法（linear combination of atomic orbitals）という．これは分子軌道を原子軌道の線

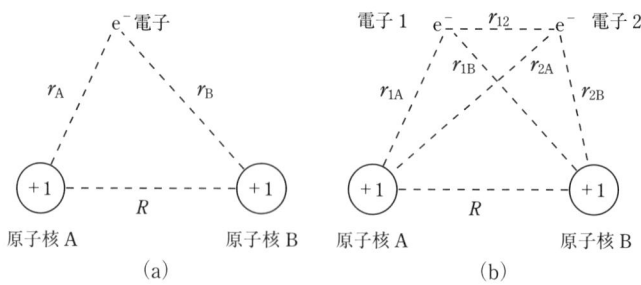

図 3.1 水素分子イオン (a) と水素分子の座標系 (b)

形結合として表す方法であり，広く用いられる．

水素分子を例にとると，水素分子の分子軌道は 2 つの水素原子の原子軌道 ϕ_1，ϕ_2 を用いて，その線形結合として表される．ここで，係数 c_1, c_2 を用いて，水素分子の分子軌道は次のように表される．

$$\phi = c_1\phi_1 + c_2\phi_2 \tag{3.1}$$

水素分子の構造に最初に焦点を絞ったのは，Heitler と London で，1927 年のことである．原子価結合法（valence-bond method）を用いた Heitler らによる計算によると，2 つの水素原子が近接するとエネルギー的に極小になる点が現れ，さらに距離が近づくとエネルギーは急激に上昇する．エネルギー極小値を与える原子間距離が水素分子の結合距離に対応する．ハイトラ―ロンドン法（Heitler-London method）では，それぞれの原子軌道で考えて計算する原子軌道関数（atomic orbital）を用いるが，ここでは分子全体を場と考えて電子の波動関数を記述する分子軌道関数（molecular orbital）を考察する．

まず，最も簡単な分子である水素分子イオン（H_2^+）について，その波動関数とエネルギーを求めてみよう．

b．水素分子イオン

水素分子イオンは，水素分子（H_2）から電子が 1 個解離したときに生成する．したがって，1 電子系としての最も簡単な分子である．図 3.1 に水素分子イオンおよび水素分子の座標系を示す．

しかしながら，シュレディンガー波動方程式を書き下すと，2 個の水素原子核と 1 個の電子からなる三体問題となり，厳密解が得られない．原子核は電子に比較するとおよそ 1840 倍の質量をもつことから，電子の運動中に原子核はほとんど変化しないというボルン-オッペンハイマー近似を用いると，原子核間の反発によるポテンシャルエネルギー項 $\dfrac{e^2}{4\pi\varepsilon_0} \cdot \dfrac{1}{r_{ab}}$ をハミルトン演算子（ハミルトニアン）に含めなくてもよい．したがって，水素分子イオンのハミルトン演算子は，次式で与えられる．

$$\mathcal{H} = -\frac{h^2}{8\pi^2 m_e}\nabla^2 + \frac{e^2}{4\pi\varepsilon_0}\left(-\frac{1}{r_{1a}} - \frac{1}{r_{1b}}\right) \tag{3.2}$$

したがって，シュレディンガー波動方程式は，

$$\mathcal{H}\phi = E\phi \tag{3.3}$$

ここで，E は水素分子イオン分子軌道のエネルギー固有値を与える．

この固有値を求めるためには，式の両辺に左側から ϕ（ϕ が複素関数の場合は，共役複素関数である ϕ^*）を掛けて積分し，

$$\int \phi \mathcal{H} \phi \mathrm{d}\tau = E \int \phi^2 \mathrm{d}\tau \tag{3.4}$$

以下の式で分子軌道のエネルギー固有値を求めることができる．

$$E = \frac{\int \phi \mathcal{H} \phi \mathrm{d}\tau}{\int \phi^2 \mathrm{d}\tau} \tag{3.5}$$

この式に式（3.1）を代入すると，

$$E = \frac{c_1^2 \int \phi_1 \mathcal{H} \phi_1 \mathrm{d}\tau + c_1 c_2 \int \phi_1 \mathcal{H} \phi_2 \mathrm{d}\tau + c_2 c_1 \int \phi_2 \mathcal{H} \phi_1 \mathrm{d}\tau + c_2^2 \int \phi_2 \mathcal{H} \phi_2 \mathrm{d}\tau}{c_1^2 \int \phi_1^2 \mathrm{d}\tau + c_1 c_2 \int \phi_1 \phi_2 \mathrm{d}\tau + c_2 c_1 \int \phi_2 \phi_1 \mathrm{d}\tau + c_2^2 \int \phi_2^2 \mathrm{d}\tau} \tag{3.6}$$

ここで，式を簡略化するために各積分を次のように置き換える．

$$\begin{cases} H_{ij} = \int \phi_i \mathcal{H} \phi_j \mathrm{d}\tau & (i=1,2, \ j=1,2) \\ S_{ij} = \int \phi_i \phi_j \mathrm{d}\tau & (i=1,2, \ j=1,2) \end{cases} \tag{3.7}$$

ここで，$H_{ij}(i \neq j)$ は共鳴積分と呼ばれ，軌道関数の重なりに対応し，β で表される．異なる原子軌道でハミルトン演算子を挟んで，全空間にわたって積分したものである．この積分によって分子を安定化させる共鳴エネルギーが生じる．特に $H_{ii}(i=j)$ はクーロン積分（Coulomb integral）と呼ばれ，α で表す．同じ原子軌道でハミルトン演算子を挟んで，全空間にわたって積分したものである．結合していない原子の軌道のエネルギーに対応する．S_{ij} は重なり積分と呼ばれ，原子軌道関数の重なりの程度を表している．原子軌道 ϕ_i, ϕ_j は規格化されているので，$S_{ii} = S_{jj} = 1$ であり，隣り合わない原子同士や軌道対称性の合わない原子間の重なり積分は 0 と考えてよいが，隣り合う原子 i, j に関しては原子核間距離に依存する値（〜0.25）をとる．

式（3.6）は，

$$E = \frac{c_1^2 H_{11} + c_1 c_2 H_{12} + c_2 c_1 H_{21} + c_2^2 H_{22}}{c_1^2 S_{11} + c_1 c_2 S_{12} + c_2 c_1 S_{21} + c_2^2 S_{22}} \tag{3.8}$$

となり，分子系のエネルギー E は，係数 c_1, c_2 の関数となる．近似関数を使って得られるエネルギーの値は真の値よりも必ず大きいという変分法の原理により，$\partial E / \partial c_1 = 0$, $\partial E / \partial c_2 = 0$ の条件から，エネルギー極小値を求めることができる．この 2 つの条件から，

$$\begin{cases} c_1(H_{11} - ES_{11}) + c_2(H_{12} - ES_{12}) = 0 \\ c_1(H_{21} - ES_{21}) + c_2(H_{22} - ES_{22}) = 0 \end{cases} \tag{3.9}$$

となる．係数 c_1, c_2 が 0 でない意味のある解が存在するためには，

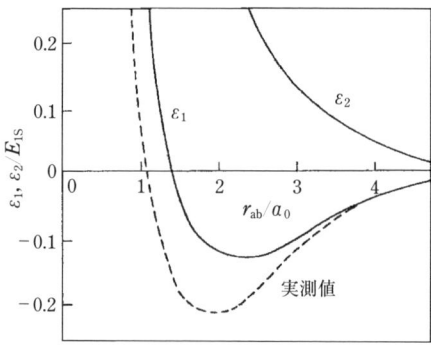

図 3.2 水素分子イオンのエネルギー曲線

$$\begin{vmatrix} H_{11}-ES_{11} & H_{12}-ES_{12} \\ H_{21}-ES_{21} & H_{22}-ES_{22} \end{vmatrix}=0 \quad (3.10)$$

である．これを永年行列式（secular determinant）という．永年方程式から E が求められ，これを斉次1次方程式に代入して，c_1/c_2 の値が求められる．さらに，分子軌道関数も式（3.11）の規格化条件を満たすことから，c_1 と c_2 のそれぞれの値を求めることができる．

$$\int \phi^2 d\tau = c_1^2 \int \phi_1^2 d\tau + 2c_1c_2 \int \phi_1\phi_2 d\tau + c_2^2 \int \phi_2^2 d\tau = c_1^2 + 2c_1c_2 S + c_2^2 = 1 \quad (3.11)$$

したがって，次の2つの分子軌道が形成されることがわかる．

$$\begin{cases} \phi_1 = \dfrac{1}{\sqrt{2(1+S)}}(\phi_1+\phi_2) \\ \phi_2 = \dfrac{1}{\sqrt{2(1-S)}}(\phi_1-\phi_2) \end{cases} \quad (3.12)$$

次に，水素分子イオンのエネルギー準位を求める．$H_{11}=H_{22}=\alpha$，$H_{12}=H_{21}=\beta$，$S_{11}=S_{22}=1$，$S_{12}=S_{21}=S$ とおくことができるので，水素分子イオンの永年方程式（3.10）は E に関する2次方程式になるので，これを解くと式（3.13）のように2つの解がエネルギー固有値として得られる．

$$\begin{cases} \varepsilon_1 = \dfrac{\alpha+\beta}{1+S} \\ \varepsilon_2 = \dfrac{\alpha-\beta}{1-S} \end{cases} \quad (3.13)$$

エネルギー ε_1，ε_2 を r_{ab} の関数として図示すると，図3.2のように表される．

ε_1 は，r_{ab} が 0.132 nm のとき最小値 -1.77 eV をとるが，これはこの距離で安定な分子が形成されていることを示す．これに対して実測の平衡核間距離は 0.106 nm，解離エネルギー 2.78 eV が得られている．理論値は，実則値とささか誤差があるが，近似のレベルを上げていくと実測値に近い値が得られるようになる．

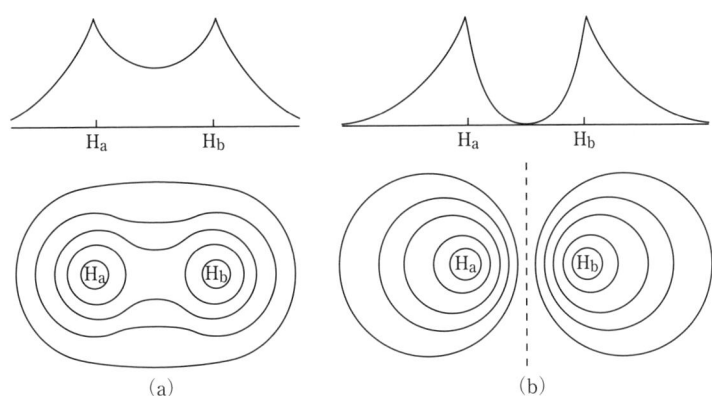

図 3.3 結合性軌道 ϕ_1 (a) と反結合性軌道 ϕ_2 (b) の電子密度分布

　ボーア半径 a_0 の距離のほぼ 2 倍のところがエネルギー的に最も安定な共有結合が形成される平衡核間距離であることがわかる.

　2 つの分子軌道 ϕ_1, ϕ_2 のうち, ϕ_1 は安定な結合軌道を形成するので, 結合性軌道 (bonding orbital) と呼ばれ, 共有結合形成に関与している. 一方, ϕ_2 は結合を形成しない反結合軌道 (antibonding orbital) である. この軌道はエネルギー的に不安定であるため, 結合の化学反応特性にかかわっている.

　図 3.3 に, 2 つの分子軌道 ϕ_1, ϕ_2 の電子密度分布を示す. 結合性軌道 ϕ_1 では波動関数が 0 になる節は存在しないが, 反結合性軌道 ϕ_2 では 2 つの原子核の中心に節が存在することによって, 電子密度はその点で 0 になり, 結合が形成されないことになる. 水素分子イオンでは, 安定な結合性軌道に電子が 1 つ入った配置をとり, 基底状態の波動関数は式 (3.14), 基底状態のエネルギーは式 (3.15) で表される.

$$\Phi_g = \phi_1(1) = \frac{1}{\sqrt{2(1+S)}}(\phi_1 + \phi_2) \tag{3.14}$$

$$E = \varepsilon_1 = \frac{\alpha + \beta}{1+S} \tag{3.15}$$

c．水素分子

　図 3.1 (b) 水素分子の座標系に示すように, 水素分子は, 原子核 2 個, 電子 2 個で構成される 4 体系である. したがって, 水素分子のハミルトン演算子は, 式 (3.16) で与えられる.

$$\mathcal{H} = -\frac{h^2}{8\pi^2 m_e}\nabla_1^2 - \frac{h^2}{8\pi^2 m_e}\nabla_2^2 + \frac{e^2}{4\pi\varepsilon_0}\left(-\frac{1}{r_{1a}} - \frac{1}{r_{1b}} - \frac{1}{r_{2a}} - \frac{1}{r_{2b}} + \frac{1}{r_{12}}\right) \tag{3.16}$$

　電子が 2 個以上の多電子系ハミルトン演算子においては, 1 電子ハミルトン演算子に分けて解を求める. この場合も, ボルン-オッペンハイマー近似によって, 原子核間の反発によるポテンシャルエネルギー項をハミルトン演算子に含め, また電子間反発項は平均の場として置き換えることによって, 電子 1 および 2 それ

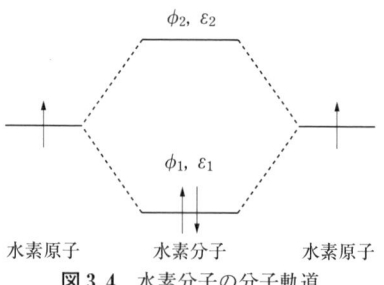

図 3.4 水素分子の分子軌道

それの波動関数に分けて考える近似を用いる．したがって，全電子系のハミルトン演算子は1電子ハミルトン演算子 $h(1)$ および $h(2)$ の和として近似できる．

$$\mathcal{H} = h(1) + h(2) \tag{3.17}$$

このとき，シュレディンガー波動方程式は式（3.18）のように書くことができ，分子軌道関数とエネルギーを求めることができる．

$$\mathcal{H}\phi = \varepsilon\phi \tag{3.18}$$

分子軌道関数 ϕ は LCAO 法によって原子軌道関数の1次結合で表され，変分法の原理によってその係数とエネルギー固有値が決定できる．結合性軌道に2個電子が入ることになり，エネルギーは $2\varepsilon_1 = 2(\alpha+\beta)/(1+S)$ と求めることができる（図 3.4）．

水素分子の核間距離の実測値は $r_e = 0.74\,\text{Å}$ であり，精密計算から得られている平衡核間距離の値 $0.85\,\text{Å}$ より短い．また，解離エネルギーの理論値 $D_e = 2.68$ eV，実測値 $D_e = 4.72$ eV で，差が大きいのは，電子間相互作用を近似に取り入れていないためであり，変分法の原理により，実測値が真の値に対応する．

d．等核2原子分子

水素分子イオンや水素分子の分子軌道の形成は，周期表の元素が同じ原子同士からなる2原子分子が生成するときにも適用することができる．LCAO 法により分子軌道が形成される化学結合の原理は，①結合軸に関する原子軌道の対称性が一致し，②原子軌道の重なりが大きく，③軌道エネルギーが近接していることが必要である．このとき，原子軌道が同位相になる結合性軌道と，逆位相になる反結合性軌道が形成される．等核2原子分子が生成する典型的な分子軌道を図 3.5 に示す．

電子分布が分子軸のまわりに対称で分子軸上に節がない σ 軌道と，電子分布が分子軸に対して対称でなく分子軸を含む節面が存在する π 軌道が存在する．1s 軌道および 2s 軌道からは σ 軌道が結合が形成され，結合性の σ と反結合性の σ*，縮退軌道である 2p 軌道からは結合性の σ と反結合性の σ* および結合性の π と反結合性の π* が生成する．

電子はエネルギーの低い軌道から1つの軌道ごとに順次スピンを逆平行にして2個ずつ詰まっていく．N_2 までは，2s 軌道と 2p 軌道のエネルギー準位が近いために，軌道相互作用によって 2s 軌道のエネルギー準位がわずかに低下する代わ

3.1 共有結合

図 3.5 等核 2 原子分子の分子軌道

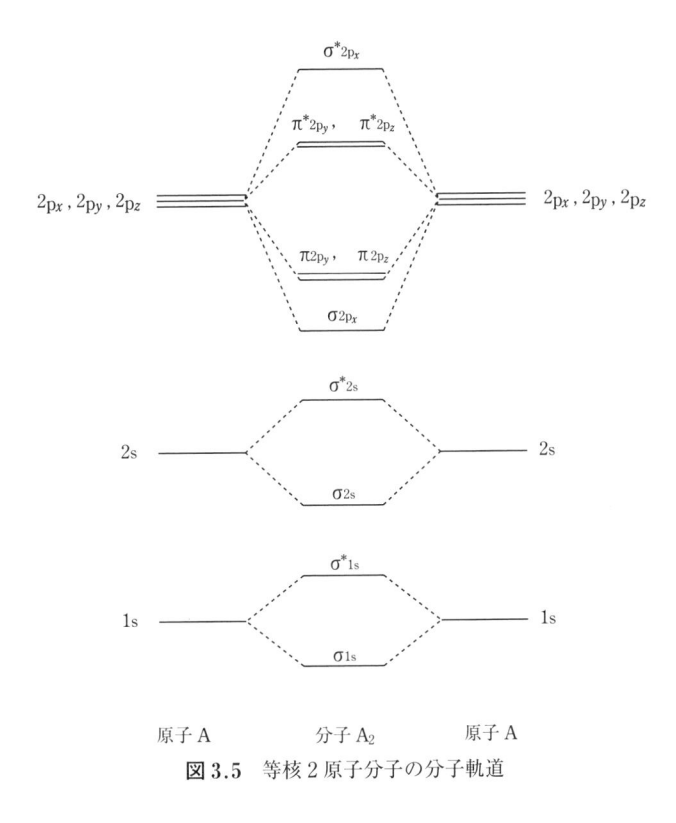

りに，p 軌道の結合性 σ 軌道が，結合性 π 軌道よりエネルギー的に上昇し，B_2, C_2, N_2 においては p 軌道に由来する σ 軌道と π 軌道のエネルギー準位が逆転し，そこに電子が充填していくことに注意しなければならない．また，縮退軌道（p 軌道に由来する π および $π^*$）に電子が入るときは，フントの法則に従って，スピンを平行にして異なる軌道に入る．したがって，B_2 と O_2 はスピンが平行になり，常磁性分子を形成する．周期表第 2 周期までの等核 2 原子分子の電子配置を図 3.6 に示す．

σ 軌道には σ 電子が入り，σ 結合を形成し，π 軌道には π 電子が入り，π 結合を形成することになる．

共有結合性を表すために結合次数を次のように定義する．結合に寄与する電子対の数に依存し，反結合性軌道に電子が入ると減少する．

$$結合次数 = \frac{1}{2}\{(結合軌道に入る電子数) - (反結合軌道に入る電子数)\}$$

(3.19)

結合エネルギーと結合距離は結合次数（bond order）と相関があり，結合次数が大きいほど結合が強くなり，結合エネルギーが大きく結合距離が小さくなる．He_2, Be_2, Ne_2 では結合次数が 0 となり，正味の結合が存在しない．希ガスである He，Ne が単原子分子で存在している理由である．また，Be_2 は存在しないことに注意したい．これに対して，N_2 は結合次数が 3 で三重結合，O_2 は結合次数

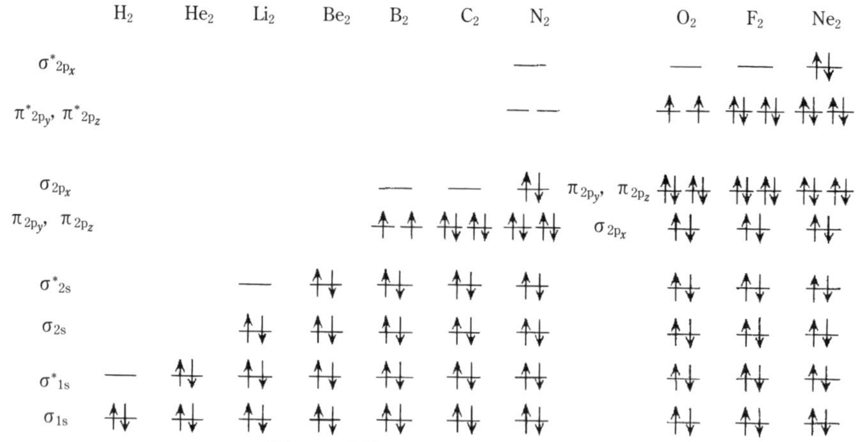

| | H$_2$ | He$_2$ | Li$_2$ | Be$_2$ | B$_2$ | C$_2$ | N$_2$ | | O$_2$ | F$_2$ | Ne$_2$ |

図 3.6 等核 2 原子分子の電子配置

が 2 で二重結合を示す．

e．異核 2 原子分子

異なる 2 つの原子が結合した分子は異核 2 原子分子といい，HCl や CO がその例である．等核 2 原子分子と同様に LCAO 分子軌道 $\phi = c_1\phi_1 + c_2\phi_2$ と表すことができるが，c_1 と c_2 の比は 1 と異なるため，結合は極性を有する．すなわち 2 つの原子の電気陰性度の違いによって，双極子モーメント (dipole moment) の大きさに違いが現れる．等核 2 原子分子の双極子モーメントは 0 D であるのに対し，HCl の双極子モーメントは 1.03 D（1 debye = 10^{-18} esu cm^{-1} = 3.3356×10^{-30} C m）であり，結合がいささかイオン性をもつことを示している．

3.2　π 共役分子

a．π 電子近似

二重結合をもつ有機化合物の最も簡単な分子は，エチレン CH$_2$=CH$_2$ である．この二重結合のうち，一つは σ 結合であり，もう一つは π 結合である．π 結合は分子全体に非局在化する性質がある．単結合と二重結合が交互に長く連なって存在するとき，これを共役二重結合 (conjugated double bond) といい，π 電子による非局在化した分子軌道をもつ．このような化合物を共役化合物 (conjugated compound) という．

化学結合の骨格ともいえる σ 電子に比べて，π 電子は結合エネルギーは比較的小さいが，直接化学反応にかかわったり光との相互作用を起こしやすい電子である．したがって共役化合物においては，σ 電子と π 電子を分けて，安定な軌道に存在する σ 電子は考えず，π 電子のみを分子軌道で考えることにする．これを π 電子近似といい，よく用いられるが，定性的にはかなり共役化合物の化学的性質を説明することができる．

共役化合物における炭素の原子数を n とすると，π 電子の分子軌道は p 軌道か

ら形成されるので，その1次結合として，

$$\Phi = c_1\phi_1 + c_2\phi_2 + \cdots + c_n\phi_n \tag{3.20}$$

で表すことができる．これは，水素分子イオンの場合と同じように取り扱うことができ，永年行列式をつくり，それを解くことによってエネルギー固有値と分子軌道係数 c_n を求めればよい．1電子ハミルトン演算子の考え方に従って，この分子軌道のエネルギーは次のように与えられる．

$$\varepsilon = \frac{\int \phi h \phi \mathrm{d}\tau}{\int \phi^2 \mathrm{d}\tau} \tag{3.21}$$

変分法を適用することによって，このエネルギー値が最も低くなればそれが真のエネルギー値の最もよい近似値ということになる．水素分子イオンの分子軌道のところですでに説明した各積分を，以下のように定義する．

$$\begin{cases} \text{クーロン積分：} \alpha_i = \int \phi_i h \phi_i \mathrm{d}\tau \\ \text{共鳴積分：} \quad \beta_{ij} = \int \phi_i h \phi_j \mathrm{d}\tau \\ \text{重なり積分：} \quad S_{ij} = \int \phi_i \phi_j \mathrm{d}\tau \end{cases} \tag{3.22}$$

共役化合物において n 個の炭素原子がすべて等価で，結合距離が等しいと考えると，

$$\begin{cases} \alpha_1 = \alpha_2 = \cdots = \alpha_n = \alpha \\ \beta_{12} = \beta_{23} = \cdots = \beta_{(n-1)n} = \beta \end{cases} \tag{3.23}$$

とおくことができる．β は隣接原子間では β という値をとるが，隣接しないときはすべて0と考えることにする．また，重なり積分については，

$$\begin{cases} S_{ii} = 1 \quad (i = 1, 2, \cdots, n) \\ S_{ij} = 0 \quad (i \neq j) \end{cases} \tag{3.24}$$

とし，異なる軌道間の重なり積分は無視する．

分子軌道法におけるこの π 電子近似法を，ヒュッケル法（Hückel method）という．本法は，σ 電子が全くかかわらない大胆な近似法といえるが，共役分子系の反応性や特性を知る上で，きわめて有用な分子軌道計算といえる．炭素原子の2p軌道では，$\alpha = -7.0\,\mathrm{eV}$，$\beta = -2.5\,\mathrm{eV}$ の値が用いられている．

b．エチレン

二重結合をもつ最も簡単な π 電子系有機化合物であるエチレンにヒュッケル法を適用してみよう．$n = 2$ で，

$$\Phi = c_1\phi_1 + c_2\phi_2 \tag{3.25}$$

より，永年行列式は，

$$\begin{vmatrix} \alpha - E & \beta \\ \beta & \alpha - E \end{vmatrix} = 0 \tag{3.26}$$

となる．この解を E とすると二つの解，$\varepsilon_1 = \alpha + \beta$，$\varepsilon_2 = \alpha - \beta$ が求まり，これらを斉次1次方程式

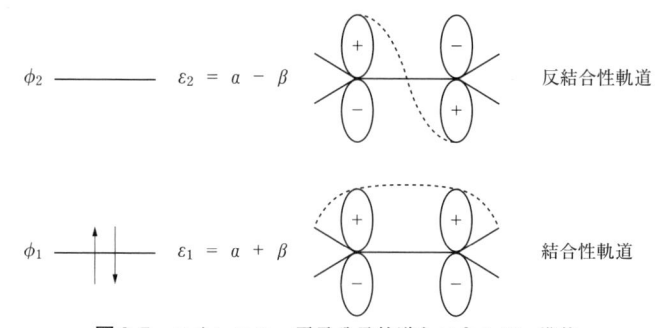

図 3.7 エチレンの π 電子分子軌道とエネルギー準位

$$\begin{cases} c_1(\alpha-E)+c_2\beta=0 \\ c_1\beta+c_2(\alpha-E)=0 \end{cases} \tag{3.27}$$

に代入し，規格化条件 $c_1^2+c_2^2=1$ から，π 電子の波動関数とエネルギー準位は図 3.7 のように求めることができる．注目すべきは，水素分子イオンと同様に，結合性軌道と反結合性軌道が形成されることであり，2 個の π 電子はエネルギー的に安定な結合性軌道にスピン対をつくって入り，安定な π 結合が生成していることである．したがって，系の π 電子の全エネルギーは $E_\pi = 2(\alpha+\beta)$ と求めることができる．

$$\begin{cases} \varepsilon_1=\alpha+\beta, \quad \phi_1=\dfrac{1}{\sqrt{2}}(\phi_1+\phi_2) \\ \varepsilon_2=\alpha-\beta, \quad \phi_2=\dfrac{1}{\sqrt{2}}(\phi_1-\phi_2) \end{cases} \tag{3.28}$$

c．ブタジエン

次に，1,3-ブタジエン $CH_2=CH-CH=CH_2$ を考えてみよう．

ブタジエン分子の結合次数と結合距離は，図 3.8 のようになる．同図に示すように，炭素原子 1-2 および 3-4 間と炭素原子 2-3 間の結合は異なるが，共役結合を形成しているので，近似的に共鳴積分を等しく β とおくと，永年行列式は，

$$\begin{vmatrix} \alpha-E & \beta & 0 & 0 \\ \beta & \alpha-E & \beta & 0 \\ 0 & \beta & \alpha-E & \beta \\ 0 & 0 & \beta & \alpha-E \end{vmatrix} = 0 \tag{3.29}$$

となる．この両辺に $1/\beta$ を掛け，さらに $x=(\alpha-E)/\beta$ とおくと，次のように簡単になる．

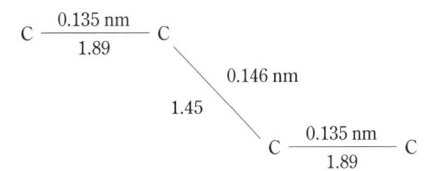

```
C ―0.135 nm― C
     1.89        \
                  \ 0.146 nm
                   \ 1.45
                    \
                     C ―0.135 nm― C
                          1.89
```

図 3.8　ブタジエン分子の結合次数と結合距離

$$\begin{vmatrix} x & 1 & 0 & 0 \\ 1 & x & 1 & 0 \\ 0 & 1 & x & 1 \\ 0 & 0 & 1 & x \end{vmatrix} = 0 \tag{3.30}$$

この行列式から導かれる 4 次方程式を解くことによって,

$$x = \frac{-1 \pm \sqrt{5}}{2}, \frac{1 \pm \sqrt{5}}{2} \tag{3.31}$$

$E = \alpha - x\beta$ であるから,エネルギー準位が低い順に次のように表すことができる.

$$\begin{cases} E_1 = \alpha + \dfrac{1+\sqrt{5}}{2}\beta \\ E_2 = \alpha + \dfrac{-1+\sqrt{5}}{2}\beta \\ E_3 = \alpha - \dfrac{-1+\sqrt{5}}{2}\beta \\ E_4 = \alpha - \dfrac{1+\sqrt{5}}{2}\beta \end{cases} \tag{3.32}$$

4 個の π 電子は安定な E_1 および E_2 の 2 つの軌道に 2 個ずつ入るので,π 電子エネルギーは,

$$E_\pi = 2E_1 + 2E_2 = 4\alpha + 2\sqrt{5}\beta = 4\alpha + 4.472\beta \tag{3.33}$$

となる.もし,π 電子が炭素原子 1-2 と 3-4 間の二重結合に局在しているとすると,永年行列式は,

$$\begin{vmatrix} x & 1 & 0 & 0 \\ 1 & x & 0 & 0 \\ 0 & 0 & x & 1 \\ 0 & 0 & 1 & x \end{vmatrix} = 0 \tag{3.34}$$

となり,この行列式を解いて π 電子エネルギーを求めると,

$$E_\pi = 4\alpha + 4\beta \tag{3.35}$$

となる.これは,エチレン分子 2 個分の π 電子エネルギーと考えてもよい.

したがって,非局在化していることによる安定化エネルギーは,

$$E_\pi - E_{\pi'} = (4\alpha + 4.472\beta) - (4\alpha + 4\beta) = 0.472\beta \tag{3.36}$$

となり,これを非局在化エネルギー(delocalization energy)あるいは共鳴エネル

ϕ_4 —— $\varepsilon_4 = \alpha - 1.6180\beta$ ϕ_4 反結合性軌道

ϕ_3 —— $\varepsilon_3 = \alpha - 0.6180\beta$ ϕ_3

ϕ_2 ⇅ $\varepsilon_2 = \alpha + 0.6180\beta$ ϕ_2 結合性軌道

ϕ_1 ⇅ $\varepsilon_1 = \alpha + 1.6180\beta$ ϕ_1

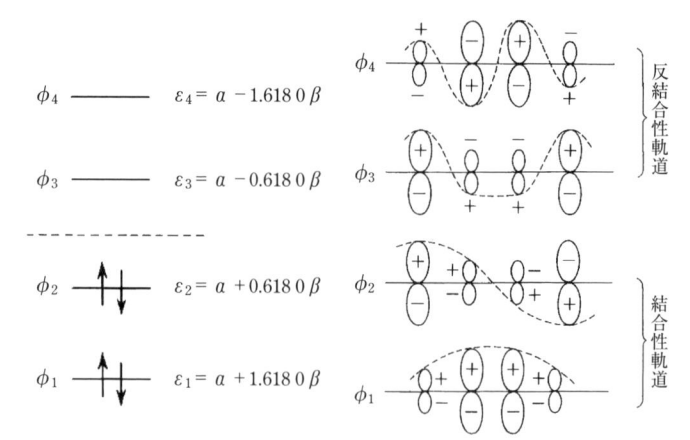

図 3.9 ブタジエンの π 電子エネルギー準位と電子配置および分子軌道

ギー（resonance energy）という．ブタジエンの π 電子波動関数から，エネルギー固有値に対して，エチレンの場合と同じように斉次 1 次方程式を解き，規格化条件 $c_1^2 + c_2^2 + c_3^2 + c_4^2 = 1$ から波動関数の係数を求めることができる．π 電子分子軌道の概略は図 3.9 のようになる．エネルギー的に安定な ϕ_1 と ϕ_2 にそれぞれ 2 個ずつ電子が入ることになる．

d．ベンゼン

ベンゼンは次のような共鳴構造をとる．

ベンゼンの π 電子分子軌道は，次式で示される．

$$\Phi = c_1\phi_1 + c_2\phi_2 + c_3\phi_3 + c_4\phi_4 + c_5\phi_5 + c_6\phi_6 \tag{3.37}$$

炭素原子は，後述するような sp² 混成軌道を用いて，2 つの炭素-炭素 σ 結合，1 つの炭素-水素 σ 結合をつくり，残りの 2p 軌道が不対電子としてベンゼン環全体に広がる π 結合を形成する．この 2 つの極限構造は区別できるわけではなくベンゼン分子は完全な正六角形である．炭素-炭素結合の長さは結合距離が等しくすべて等価な結合となり，一重結合（0.154 nm）と二重結合（0.134 nm）のほぼ中間値（0.140 nm）をとり，結合次数は 1.67 となる．環状構造を有していることから，対角項に 2 か所，β が現れることに注意してほしい．

$$\begin{vmatrix} \alpha-E & \beta & 0 & 0 & 0 & \beta \\ \beta & \alpha-E & \beta & 0 & 0 & 0 \\ 0 & \beta & \alpha-E & \beta & 0 & 0 \\ 0 & 0 & \beta & \alpha-E & \beta & 0 \\ 0 & 0 & 0 & \beta & \alpha-E & \beta \\ \beta & 0 & 0 & 0 & \beta & \alpha-E \end{vmatrix} = 0 \tag{3.38}$$

ブタジエンの場合と同様に，$x=(\alpha-E)/\beta$ とおくと，

$$\begin{vmatrix} x & 1 & 0 & 0 & 0 & 1 \\ 1 & x & 1 & 0 & 0 & 0 \\ 0 & 1 & x & 1 & 0 & 0 \\ 0 & 0 & 1 & x & 1 & 0 \\ 0 & 0 & 0 & 1 & x & 1 \\ 1 & 0 & 0 & 0 & 1 & x \end{vmatrix} = 0 \qquad (3.39)$$

で表され，この行列式を展開して得られた x から，E は次のように求めることができる．

$$\begin{cases} E_1 = \alpha + 2\beta \\ E_2 = E_3 = \alpha + \beta \\ E_4 = E_5 = \alpha - \beta \\ E_6 = \alpha - 2\beta \end{cases} \qquad (3.40)$$

ϕ_6 ——— $\varepsilon_6 = \alpha - 2\beta$

ϕ_4, ϕ_5 ——— ——— $\varepsilon_4 = \varepsilon_5 = \alpha - \beta$

ϕ_2, ϕ_3 ⇅ ⇅ $\varepsilon_2 = \varepsilon_3 = \alpha + \beta$

ϕ_1 ⇅ $\varepsilon_1 = \alpha + 2\beta$

図 3.10 ベンゼンの π 電子エネルギー準位と電子配置

図 3.10 にベンゼンの π 電子エネルギー準位と電子配置を示す．ベンゼンの共鳴エネルギーとして 2β が得られ，結合性軌道に 6 個すべての電子が詰まっていることから，きわめて安定な π 共役分子が形成されていることがわかる．6 つの波動関数のうち，ϕ_2 と ϕ_3 および ϕ_4 と ϕ_5 は縮退しており，軌道エネルギーが等しいこと注意してほしい．

3.3 化学結合のいろいろ

これまで，分子軌道法により共有結合性に関して述べてきたが，共有結合以外の化学結合がいくつかある．

a．イオン結合

最外殻電子が 8 個の希ガス電子配置をとるとき電子構造が安定化されることは，1916 年に Kossel によって明らかにされた．原子のイオン化エネルギーと電子親和力の大きさの違いによって，2 種類の原子が電子の授受を行い，陽イオン

と陰イオンになり電気的引力によって結合する．この結合はイオン結合と呼ばれ，陽イオンと陰イオンによる静電的相互作用が結合の本質である．これらのイオンは通常規則正しく配列し，イオン結晶を形成する．

ナトリウムと塩素から塩化ナトリウムが形成される過程は，411 kJ mol^{-1}の発熱過程であるが，ボルン–ハーバーサイクル（Born-Haber cycle）を考えると，反応熱の授受が説明できる．イオン結合は一般にきわめて安定な化学結合である．イオンの電荷や結晶構造に依存するものの，一般にイオン結晶の格子エネルギー（0 K の結晶をその構成要素である原子に分けてバラバラにするのに必要なエネルギー）は，数百～数千 kJ mol^{-1}に達することもある．

1 mol のイオン結晶の格子エネルギーは，

$$U = -\frac{N_A M z_+ z_- e^2}{4\pi\varepsilon_0 d} + \frac{B}{d^n} \tag{3.41}$$

で表される．ここで，z_+，z_-は両イオンの電荷数，N_Aはアボガドロ数（Avogadro's number），Mはマーデルング定数（Madelung constant）と呼ばれる結晶構造によって決まる定数であり，塩化ナトリウム（NaCl）構造では 1.747 558，塩化セシウム（CsCl）構造では 1.762 670，フッ化カルシウム（CaF）構造では 2.519 39 などの値が知られている．格子エネルギーは，イオン間距離 d の関数となり，実際のイオン結晶では平衡イオン間距離のところで極小値を与える．

イオン結合の強さは，共有結合と比較すると，N_2三重結合（N≡N：945.3 kJ mol^{-1}）のような強く結合している分子を除けば，共有結合の結合エネルギーよりも一般的には大きい（たとえば，共有結合の結合エネルギー（kJ mol^{-1}）は，H–H：436.0，F–F：158.8，Cl–Cl：242.6，Br–Br：192.8，I–I：151.1，H–F：570.3，H–Cl：431.6，H–Br：366.4，H–I：298.4，また，炭素骨格では（平均値），C–C：346，C=C：602，C≡C：835）．

イオン結晶の固体は一般に硬く，融点や沸点は高い．電気伝導性をもたないが，溶融状態では伝導性をもつ．

b．配位結合

結合に必要な電子対が，結合に関与する一方の原子のみから与えられる結合を配位結合（coordination bond）という．たとえば，アンモニアは水素イオンと結合してアンモニウムイオンを形成するが，結合に使われる電子は窒素原子の孤立電子対であり，3つの N–H 共有結合に1つの配位結合ができるが，これらの結合長に差違はない．つまり，孤立（非共有）電子対をもつイオンや分子が，電子対の不足したイオンや分子にこの孤立電子対を供与してできる共有結合が配位結合ということになる．

$$NH_3 + H^+ \longrightarrow NH_4^+ \tag{3.42}$$

三フッ化ホウ素とアンモニアの反応によっても，窒素原子のもつ孤立電子対が6個の価電子で電子不足のホウ素に配位結合をすることによって付加物が生成する．

$$BF_3 + NH_3 \longrightarrow NH_3^+BF_3^- \tag{3.43}$$

とりわけ、遷移金属においては軌道が電子で満たされていない場合は、分子やイオンのもつ孤立電子対を受け入れ、配位結合を形成しやすい。このように金属イオンが中心となって、いくつかの分子やイオンが配位子（ligand）として配位結合を形成した金属錯体（metal complex）を配位化合物（coordination compound）という。これらの化合物は全体でイオン性をもつ場合が多く、その場合は、これらを錯イオン（ion complex）ともいう。配位数（coordination number）は中心金属に配位している配位子の数に対応する。

遷移金属元素はd軌道が関与するので、s, p, d軌道がかかわることによって、これらの軌道間で混成（hybrid）が起こり、金属錯体は多様な構造を示す。

c．金属結合

金属結合では、金属原子が規則正しく配列し、その中で電子が結晶全体にわたって非局在化した安定な金属結合が生成する。この電子を自由電子という。リチウム金属は最も単純な金属であり、$1s^2$ が閉殻になるので、2s電子が最外殻電子で自由電子になる。自由電子の存在で、金属が電気の良導体であるとともに熱の良導体になる。金属が光沢をもつのも、自由電子の挙動で説明できる。

リチウム原子が Li_2, Li_3, Li_4, …, Li_n ($n \sim N_A$) と集合していくと、エネルギー準位の数はアボガドロ数個に近づくため、近似的には連続的なエネルギーバンドを形成するようになる。2sバンドは電子が半分までしか充填されない状態になり、電子励起が可能な空準位が存在するため、リチウム金属は高い電気伝導性をもつ。このように電子によってエネルギーバンドが完全には満たされていない伝導帯（conduction band）と電子によって完全に満たされた価電子帯（valence band）が存在し、金属では価電子帯にある電子が伝導体に容易に励起されることによって電気伝導性が生じる。価電子帯と伝導帯とのエネルギー差（バンドギャップ）が kT に比較して十分大きいときは、電気伝導性をもたず絶縁体（insulator）となり、この差が kT と同じ程度のときは、半導体（semiconductor）となる。半導体では、温度による熱励起が起こることによって電気伝導が生じるため、温度が低下するにつれて電気伝導性が低下する。一方、金属では格子の熱振動によって抵抗が生じるため、温度を低下するにつれて電気伝導性が上昇する。

d．分子間相互作用

分子の間に働く弱い相互作用によって分子が凝集する力を分子間力（intermolecular force）という。これは発見者である van der Waals にちなんでファンデルワールス力（van der Waals force）と呼ばれ、配向力、誘起力、分散力に分けて考えることができる。配向力は、双極子-双極子相互作用によるものであり、誘起力は双極子-誘起双極子による分子間の相互作用である。これに対して、無極性分子でも瞬間的に電荷の偏りが生じ双極子モーメントをもつことによって、弱い引力が作用する。これを分散力という。

e．電荷移動相互作用

分子の中には、電子を供与する分子である電子供与体（electron donor：D）と電子を受け取る電子受容体（electron acceptor：A）があり、これらの組み合わせ

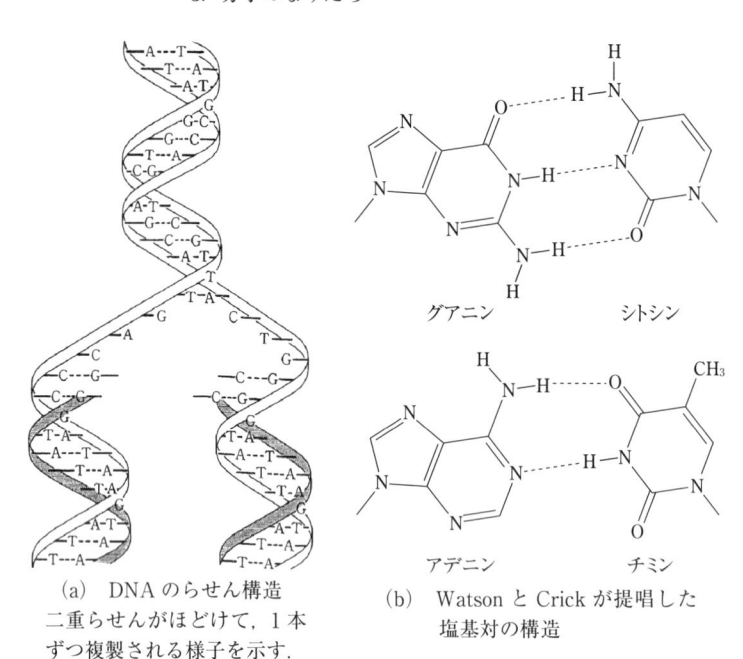

(a) DNAのらせん構造
二重らせんがほどけて，1本ずつ複製される様子を示す．

(b) WatsonとCrickが提唱した塩基対の構造

図 3.11

によって電荷が移動し，電荷移動錯体が形成される．つまり，電荷移動錯体においてはDからAに部分的に電子が移動して結合が生成することになる．

$$D + A \longrightarrow D^{\delta+}A^{\delta-} \quad (0 < \delta < 1) \tag{3.44}$$

この結合力をMullikenは電荷移動力と呼んだ．電荷移動錯体の生成で部分的酸化還元状態ができることになり，電荷移動現象は有機伝導体や有機超伝導体など，興味深い新たな物性発現のカギとなっている．

f．水素結合

水は水素結合によって液相でもクラスターが形成されている．それは水素原子と電気陰性度の大きい酸素との間に水素結合が形成されるからである．酸素–水素間の結合は酸素の電気陰性度が大きいため，分子内で$H(\delta^+)-O(\delta^-)$のように分極している．したがって，水素原子と近傍にある水分子の酸素原子との間に静電引力が働き，H⋯Oで表されるような水素結合が生成する．水素結合の強さは$13 \sim 30 \text{ kJ mol}^{-1}$であり，共有結合に比べるとはるかに小さいが，水が100℃という水素化物としてはきわめて高い沸点をもつ理由は，水素結合ネットワークに起因するといえる．

1953年にWatsonとCrickによって提唱された，生命の遺伝情報を司るデオキシリボ核酸（DNA）の二重らせん構造（図3.11(a)）は，まさに水素結合が可能にした，きわめて巧みに形づくられた高度な構造体となっている．DNAの主鎖は糖とリン酸からなるが，これに結合した4種の塩基グループ，すなわちチミン（T），アデニン（A），シトシン（C），グアニン（G）には，G-C，A-Tの組み合わせしか存在しない（図3.11(b)）．これらの間には必ず複数の水素結合が形成されているが，DNA複製時には分子骨格を維持したまま水素結合が切れ，鎖が1

本ずつ複製されていく．

練 習 問 題

3.1 式 (3.10) から式 (3.13) を求めよ．

3.2 H_2^+, H_2, He_2^+, He_2 の 4 種の分子を比較して考察せよ．

3.3 B_2, C_2, N_2 における分子軌道を図 3.5 にならって描き表し，電子が充填される様子を示せ．

3.4 フラーレン C_{60} にレーザー光を照射すると，C_2 フラグメントが生成することが確認されている．気体状イオン C_2^+ と C_2^- の分子軌道を図 3.5 にならって描き表し，これらのイオンにおける結合次数から結合性格を論ぜよ．

3.5 スーパーオキシドイオン (O_2^-) は O_2 に比べて結合距離が大きくなる理由を述べよ．

3.6 ブタジエンの永年行列式 (3.30) を解き，4 つのエネルギー準位式 (3.32) を求めよ．

3.7 ブタジエンとシクロブタジエンの永年行列式を書き，π 電子エネルギーを求めよ．

3.8 行列式 (3.39) を解くことによって x の値を求め，ベンゼンの π 電子エネルギー準位と電子配置が図 3.10 のようになることを確かめよ．

4. 理 想 気 体

　物質がとりうる状態は，大きく分けて気体，液体，固体の3種類である．この中で気体は最も単純に考えることが可能であり，また，入っている容器の全体に均一に分布するという特徴がある．もう少し化学的な表現をするならば，「分子あるいは原子の集団であり，絶えず乱雑な運動をしており，その速さは絶対温度とともに増大する」ということである．

　気体が他の2状態と異なっているのは，分子間相互作用の大きさである．液体と固体が引力的な分子間相互作用が強いために凝集相を呈するのに対し，気体の引力的相互作用は非常に小さい．ただし，0ではない．本章で取り扱う理想気体（もしくは完全気体）は，分子間相互作用がなく，さらに気体分子に体積がないものとして考慮されたものである．このように説明すると，大胆すぎる仮定のように考えられるが，理想気体の法則が経験的に導き出された経緯を考えると，一般的な条件では多くの気体に対して成立する概念である．

4.1　気体の物理量

　気体のある物理的な状態を定めるために物理量が使われる．物理量とは数値と単位から表されるものであるが，単位には多くの種類があり，そのなりたちに基づいた長い歴史が存在している．たとえば，長さの単位を考えてみると，「寸」，「インチ」，「センチメートル」などをあげることができよう．しかし，ある物理量に対して数多くの単位を使うと，単位相互の換算が難しくなるだけでなく，それぞれに対し厳密な定義が困難になってくる．そこで今日，単位系は国際純正・応用化学連合（International Union of Pure and Applied Chemistry：IUPAC）推奨の国際単位系（SI単位）というものが使われている．表1.1にSI基本単位を示してある．

　気体を記述するには，圧力 P，体積 V，物質量 n，温度 T などの物理量が使われる．

　この中で圧力は，単位面積あたりに加えられる力という形で定義される．気体が及ぼす力は，気体分子が容器の壁に衝突することで生じている．微視的には衝突であるが，巨視的には定常的な力としてとらえることができる．

　圧力のSI単位はパスカル（Pa）で，1 m^2 あたりに1ニュートン（N）の力，すなわち，

$$1\,\mathrm{Pa} = 1\,\mathrm{N\,m^{-2}}$$

と定義される．そのほかにも，表4.1にまとめたような単位が使われることがあるが，なるべくパスカルを使うことが望ましい．この中で，トル（Torr）とミリ

表 4.1　圧力の単位

単位の名称	記号	数値
パスカル	Pa	$1\,N\,m^{-2}$, $1\,kg\,m^{-1}\,s^{-2}$
気圧	atm	101 325 Pa
バール	bar	10^5 Pa
トル	Torr	$(101\,325/760)=133.3$ Pa
ミリメートル水銀柱	mmHg	133.3 Pa
平方インチあたりのポンド	psi	6.895 kPa

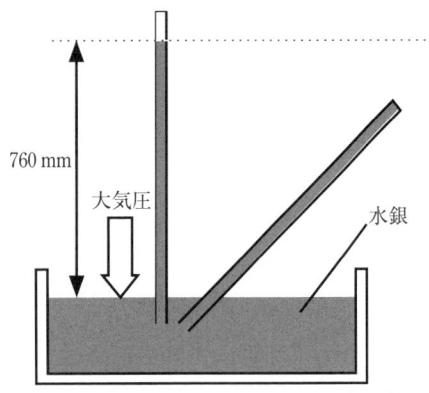

図 4.1　水銀マノメーターによる圧力測定
1 気圧のもとでは水銀柱は液面から 760 mm までしか上昇しえない．

メートル水銀柱（mmHg）は同じ数値をもつ単位であるが，定義が異なっている．前者は厳密に 760 Torr＝101 325 Pa と定義されているのに対し，後者はイタリアのトリチェリー（Torricelli）の実験（図 4.1）に基づき定義された値である．したがって厳密には，

$$1\,\text{mmHg}=1.000\,000\,142\,\text{Torr}$$

となるが，10^{-7} での違いであり，通常は同じ数値と見なして問題ない．

4.2　ボイルの法則

イギリスの Boyle は，「一定物質量の気体の体積は，一定温度においては圧力に反比例する」ことを発見した（1662 年）．すなわち，ボイルの法則（Boyle's law）は，温度一定において，

$$PV=k(\text{定数}) \quad \text{または} \quad V \propto \frac{1}{P} \tag{4.1}$$

といった物理量の関係式で表すことができる．これをプロットすると，図 4.2 に示すような曲線が得られる．なお，これらの曲線は温度一定という条件のものなので，等温曲線と呼ぶことがある．図からも明らかであるが，高温になるほど原点から離れた双曲線が得られることになる．

気体の物質量および温度が等しい状態では，状態 1 と状態 2 の間で，

$$P_1 V_1 = P_2 V_2 \tag{4.2}$$

なる関係が成立することになる．すなわち，ボイルの法則は気体の圧力が変化した際の，気体の最終体積を求める場合，ないしはその逆の場合などに使うことができる．

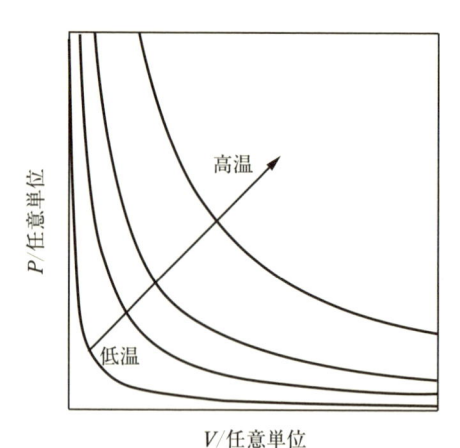

図 4.2 温度一定における体積-圧力曲線

4.3 シャルルの法則と絶対零度

　ボイルの法則は，温度一定のときの気体の体積と圧力の関係を表すものであった．ところが，温度が変化する際，気体の体積にどのような変化が生じるのかについては明らかにはしていない．

　フランスの Charles と Gay-Lussac は，それぞれに別々に，しかし同一の結果を導き出した．すなわち，圧力一定のもとでは，加熱により気体の体積は膨張し，逆に冷却により収縮するというものであった．この実験結果を図 4.3 に示す．これらの曲線（実際に得られたものは直線である）は等圧曲線と呼ぶことがある．圧力を変えて得られた直線を体積 0 まで補外してみると，温度軸とは −273.15℃で 1 点に集まることがわかった．もちろん，低温での気体は凝縮して液化してしまうため，実際には一定の温度範囲でしか気体の体積測定はできないし，また低温では直線からのずれも生じうる．

　気体の体積が負になることはありえないため，この温度に特別な意味があると考えることは不思議ではない．スコットランドの Thomson はこの −273.15℃を絶対零度と名づけた．絶対零度に基づく温度として絶対温度目盛りが設定された．絶対温度（K）とセルシウス温度（℃）の間には，

$$T/\text{K} = t/\text{℃} + 273.15 \tag{4.3}$$

という関係がある．この式からもわかるように，温度間隔としての 1 K と 1℃は等しく，K と℃では単に基準となるゼロ点位置が異なっているということである．

　この絶対温度を利用して気体体積の温度依存性を表現すると，一定圧力において，

$$V \propto T \quad \text{または} \quad \frac{V}{T} = k(\text{定数}) \tag{4.4}$$

という関係になる．これがシャルルの法則（Charles' law）またはゲイ・リュサッ

4.5 理想気体の状態方程式

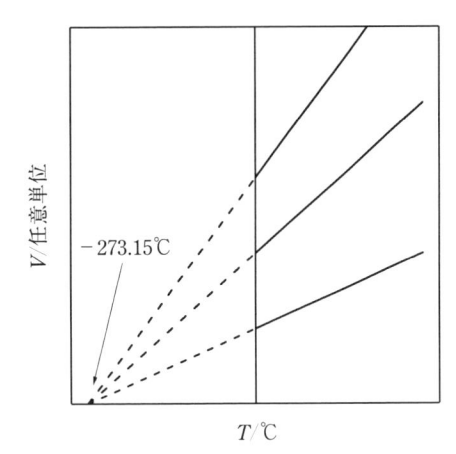

図4.3 圧力一定における温度-体積曲線

クの法則（Gay-Lussac's law）と呼ばれるものである．すなわち，ある量の気体の体積は絶対温度に比例する．

シャルルの法則に従えば，気体の物質量および圧力が等しい状態では，状態1と状態2の間で，

$$\frac{V_1}{T_1} = \frac{V_2}{T_2} \tag{4.5}$$

なる関係が成立する．すなわち，温度が変化した際の，気体の最終体積を求める場合などに使うことができる．

4.4 アボガドロの法則

気体の量について重要な法則がある．この法則はイタリアの Avogadro によって提出されたもので，「同じ温度と圧力においては同体積の気体は同じ数の分子を含む」というものである．このことは，

$$V \propto n \quad \text{または} \quad \frac{V}{n} = k (\text{定数}) \tag{4.6}$$

という関係式で表される．この式はアボガドロの法則（Avogadro's law）と呼ばれるものである．

4.5 理想気体の状態方程式

4.2～4.4で説明したように，理想気体の体積は以下の式のように圧力，温度，物質量に依存することになっている．

ボイルの法則：

$$V \propto \frac{1}{P} (\text{温度，物質量一定}) \tag{4.7}$$

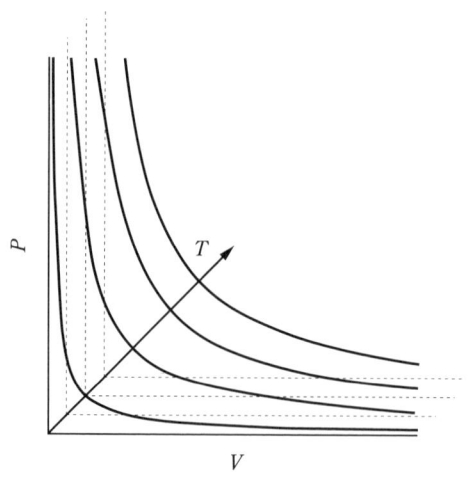

図 4.4　理想気体の体積-圧力-温度の関係図

シャルルの法則：
$$V \propto T \text{（圧力，物質量一定）} \tag{4.8}$$
アボガドロの法則：
$$V \propto n \text{（温度，圧力一定）} \tag{4.9}$$
したがって，体積 V はこの 3 式を同時に満たす必要があるため，これらの物理量の積に比例することになる．すなわち，
$$V \propto \frac{nT}{P} = c\frac{nT}{P} \tag{4.10}$$
の形であるが，このときの比例定数 c を R とおき，変形させた
$$PV = nRT \tag{4.11}$$
が，理想気体の状態方程式（equation of state）の一表現である．この式に従う曲線は図 4.4 のように表される．温度一定の面，もしくは圧力一定の面で考えれば，それぞれ図 4.2, 4.3 と同じであることは容易に見て取れるであろう．

　状態方程式の中に現れる R を気体定数（gas constant）と呼ぶ．この気体定数 R はどのような値であろうか．このことは 1 mol の理想気体が 1 atm の圧力下，273.15 K で 22.414 L を占めるという事実から求めることができる．すなわち，
$$R = \frac{1(\text{atm}) \times 22.414(\text{L})}{1(\text{mol}) \times 273.15(\text{K})} = 0.082\,06\,(\text{L atm K}^{-1}\,\text{mol}^{-1})$$
である．なお，このときの実験条件を「標準温度と圧力」(standard temperature and pressure：STP) という．「標準環境温度と圧力」(standard ambient temperature and pressure：SATP) という条件は，298.15 K の温度，10^5 Pa という圧力でのものとなる．SATP での 1 mol の理想気体の占める体積は 24.790 L である．

　気体定数を SI 単位で表現した方が便利なことが多い．そのためには，圧力を atm ではなく Pa，体積を L ではなく m^3 に換算する必要がある．

$$R = \frac{101\,325\,(\text{Pa}) \times 22.414 \times 10^{-3}\,(\text{m}^3)}{1\,(\text{mol}) \times 273.15\,(\text{K})} = 8.314\,(\text{J K}^{-1}\,\text{mol}^{-1}) \qquad (4.12)$$

例題 25℃の室内で，1.0 L の容器に空気を封じた．空気のうち 20% が酸素分子だとして，この容器内の酸素分子の数を計算せよ．

解答 理想気体の状態方程式より，酸素の物質量を n/mol とすると，

$$n = \frac{20}{100} \times \frac{1\,(\text{atm}) \times 1.0\,(\text{L})}{0.082\,(\text{L atm K}^{-1}\,\text{mol}^{-1}) \times 298\,(\text{K})} = 0.008\,2\,(\text{mol})$$

したがって，容器内の酸素分子数は，

$$0.008\,2\,(\text{mol}) \times (6.022 \times 10^{23})\,(\text{mol}^{-1}) = 4.9 \times 10^{21}\,\text{分子}$$

となる．

4.6 混合気体

前節までは単一種の気体について考えてきたが，気体の混合物について考えねばならないことも多い．たとえば，最も身近な気体である空気は，窒素および酸素，そして二酸化炭素をはじめとする微量成分から構成されていることを思い起こしても明らかであろう．

2 種類以上の異なる気体から構成される混合物について，その混合気体すべてが示す全圧 P_{total} は，それぞれの種類の気体が単独で同体積中に存在しているときに示す個別の圧力の和となる．これを式で表すと，

$$P_{\text{total}} = P_1 + P_2 + \cdots = \sum_i P_i \qquad (4.13)$$

となる．ここで，P_1, P_2, …は，それぞれの成分 1，2，…の分圧（partial pressure）を意味している．この式はイギリスの Dalton が提唱したもので，ドルトンの分圧の法則（Dalton's law of partial pressure）と呼ばれる．

このことは，ある一定の温度と圧力条件下での各気体成分の体積についても同様の関係式を得ることができる．すなわち，混合前の気体の体積を V_1, V_2, …とし，混合後の全体積を V_{total} とすると，

$$V_{\text{total}} = V_1 + V_2 + \cdots = \sum_i V_i \qquad (4.14)$$

と表せる．

ドルトンの分圧の法則に基づき，全圧と分圧，そして気体の物質量について考えてみよう．体積 V，温度 T の空間に，2 つの気体（1 と 2）が存在しているとする．それぞれの気体は状態方程式に従うので，

$$\begin{cases} P_1 = \dfrac{n_1 R T}{V} \\ P_2 = \dfrac{n_2 R T}{V} \end{cases} \qquad (4.15)$$

と表せる．ここで，n_1 および n_2 は2つの気体それぞれの物質量（mol）である．ドルトンの分圧の法則から全圧は，

$$P_{\text{total}} = P_1 + P_2 = \frac{n_1 RT}{V} + \frac{n_2 RT}{V} = (n_1 + n_2)\frac{RT}{V} \tag{4.16}$$

とおける．したがって，

$$\begin{cases} P_1 = \dfrac{n_1 RT}{V} = \dfrac{n_1}{n_1 + n_2} P_{\text{total}} = x_1 P_{\text{total}} \\ P_2 = \dfrac{n_2 RT}{V} = \dfrac{n_2}{n_1 + n_2} P_{\text{total}} = x_2 P_{\text{total}} \end{cases} \tag{4.17}$$

となる．ここで，x_1 および x_2 はそれぞれ，気体1および気体2のモル分率である．モル分率は定義より明らかに，その総和が1となる．すなわち，一般化して表すと，

$$\sum_i x_i = 1 \tag{4.18}$$

ということである．

　容器内の気体の圧力を求める方法はいくつかあるが，混合気体の場合，一般には測定により得られる値は混合気体全体の値，すなわち全圧である．したがって個々の気体の分圧を知るためには，上式からわかるように，それぞれの成分のモル分率を求め，全圧から算出すればよい．混合気体のモル分率を求めるには，ガスクロマトグラフィー，質量分析計を使うなどの方法がある．いずれにせよ，気体の物理的・化学的性質の差違を利用して分離分析するものである．

4.7　気体分子運動論

　前節までで説明してきた理想気体の法則は，気体の性質をよく表しているが，気体全体としての振る舞いにすぎず，気体を構成している個々の分子の振る舞いについては明らかにはしていない．

　そこで，気体分子の振る舞いを定量的に解釈するために，気体分子運動論について説明していく．

a．圧　　力

　まず，気体分子運動論のモデル（model for the kinetic theory of gases）を考えるに当たり，以下のような前提条件を置く．

　①気体は多数の粒子から構成されており，互いの距離は粒子の大きさに比べて大きい．

　②気体分子は質量をもつが，大きさは無視できるほど小さい．

　③気体分子の運動は，完全に無秩序（ランダム）であり，また分子間に引力や斥力などの相互作用は働かない．

　④気体分子間および気体分子と壁との衝突は弾性的（elastic）である．

　以上の前提は基本的には理想気体の仮定と同じである．ただし，衝突に関する

仮定が加わっているというものである．

このモデルを使うことで，気体の圧力が分子の性質から説明できるようになる．1辺の長さlの立方体の箱に質量mの分子がN個入っているときを考える．

どの瞬間であっても，箱の内部の気体分子の運動は無秩序（前提③）である．ある粒子が速度vをもっているとする．この速度はベクトル量であり，大きさと方向とが定まっているが，直交座標系に分解することが可能である．すなわち，x, y, z方向への速度成分をそれぞれv_x, v_y, v_zとすると，

$$v^2 = v_x^2 + v_y^2 + v_z^2 \tag{4.19}$$

となる．

今，わかりやすくするため，x方向成分のみを考える．

$-v_x$の速度をもつ分子がyz面に衝突したとする．前提④より，その速度はv_xとなる．分子の質量はmであるので，この衝突の前後における運動量の変化は，

$$mv_x - (-mv_x) = 2mv_x \tag{4.20}$$

で表される．衝突後，l/v_x時間後には，この分子は反対側のyz壁に衝突し，$2l/v_x$時間後には，最初に衝突した壁に再衝突することになる．したがって，気体分子の単位時間あたりの衝突数（衝突頻度）は，

$$\frac{v_x}{2l}$$

となり，したがって単位時間あたりの運動量の変化は，

$$2mv_x \times \frac{v_x}{2l} = \frac{mv_x^2}{l} \tag{4.21}$$

で表される．この値は，分子がyz面に単位時間に及ぼす力fを意味する．分子はN個存在し，また，圧力Pは単位面積あたりの力で表され，この面の面積はl^2で表される．したがって，箱の体積$V = l^3$とすると，

$$P = \frac{Nf}{l^2} = \frac{Nmv_x^2}{l \times l^2} = \frac{Nmv_x^2}{V} \tag{4.22}$$

となり，変形すると，

$$PV = Nmv_x^2 \tag{4.23}$$

である．気体分子数をアボガドロ数のような大きな値で考えると，分子の速度はもはや一定値ではなく，広い分布を有するようになる．そこで，v_x^2を二乗平均値$\overline{v_x^2}$と置き換えることが好ましい．y, z方向成分と合わせると，

$$\overline{v^2} = \overline{v_x^2} + \overline{v_y^2} + \overline{v_z^2} \tag{4.24}$$

という関係が得られることは自明である．この$\overline{v^2}$を平均二乗速度（mean-square velocity）と呼び，

$$\overline{v^2} = \frac{1}{N} \sum_i v_i^2 \tag{4.25}$$

で定義される．分子の運動は無秩序であり，Nが十分に大きければ等方的であると考えてよい．すなわち，

$$\overline{v_x^2}=\overline{v_y^2}=\overline{v_z^2}=\frac{1}{3}\overline{v^2} \tag{4.26}$$

であり,圧力 P は,

$$P=\frac{Nm\overline{v^2}}{3V} \tag{4.27}$$

という形で表すことができる.

　すなわち,気体が示す圧力は,その構成分子がどれだけの速度をもっているかで決まってくることになる.気体分子の質量が重いほど,また分子の速度が速いほど圧力が大きくなることが容易に読み取れる.

b. 温　度

　a. で,気体の及ぼす圧力が分子の運動と対応していることが示された.式を変形すると,

$$PV=\frac{1}{3}Nm\overline{v^2} \tag{4.28}$$

である.ところで,理想気体の状態方程式は,$PV=nRT$ であった.ここで,構成分子数を N,アボガドロ数を N_A とすると,

$$PV=\frac{N}{N_A}RT \tag{4.29}$$

となる.上の2式を比較して,

$$\frac{N}{N_A}RT=\frac{1}{3}Nm\overline{v^2}=\frac{2}{3}N\left(\frac{1}{2}m\overline{v^2}\right) \tag{4.30}$$

という関係が得られる.（ ）内は気体分子の並進運動エネルギーであるから,E_{trans} と書き直せば,

$$E_{trans}=\frac{3}{2}\times\frac{R}{N_A}T=\frac{3}{2}k_BT \quad ただし \quad k_B=\frac{R}{N_A} \tag{4.31}$$

という関係が得られる.ここで,k_B はボルツマン定数（Boltzmann constant）であり,

$$k_B=1.380\,658\times10^{-23}(\mathrm{J\ K^{-1}})$$

という数値と単位を有する.これにより分子の並進運動エネルギーが絶対温度に比例するという関係が導き出されたが,このことは気体分子の運動により気体の温度が説明できるということを意味している.ただし,気体分子運動論はここでのモデルを統計的に取り扱ったものであり,分子の個数が少ない場合の運動エネルギーと温度を関連づけることは好ましくないだけでなく,正確な議論にならないことが多いことを忘れてはならない.

　平均二乗速度 $\overline{v^2}$ をボルツマン定数を用いて表すと,

$$\overline{v^2}=\frac{3RT}{mN_A}=\frac{3k_BT}{m} \tag{4.32}$$

であり,

$$v_{\rm rms}=\sqrt{\overline{v^2}}=\sqrt{\frac{3k_{\rm B}T}{m}}=\sqrt{\frac{3RT}{M}} \tag{4.33}$$

と定義できる．この $v_{\rm rms}$ を根平均二乗速度（root-mean-square velocity）と呼ぶ．このとき，$M=mN_{\rm A}$ であり，モル質量に相当する．

　根平均二乗速度は温度の平方根に比例し，気体分子のモル質量の平方根に反比例する．すなわち，分子が重くなるほど，運動は遅くなることがわかる．

　根平均二乗速度は，速度と呼ばれるが実際にはスカラー量である．速度はベクトル量であるため，分子の平均速度 $\bar{v}$ は 0 になることが期待されるが，$v_{\rm rms}$ は方向に関する情報をもたず，大きさのみの値となっているのである．

c．速 度 分 布

　気体分子の運動について正確に議論しようとしても，個々の分子の速度を正確に求めることは不可能に近い．一つには対象とする分子数が多いからであり，一つには分子の運動を測定する方法がないからである．そのため，b．で求めた根平均二乗速度は，対象となる気体の運動を表す有用な平均値となりうる．

　多くの分子からなる系においては，分子同士の衝突などにより，速度は連続的に分布（distribution）するようになる．したがって，どれだけの分子が，あるときに v から $v+{\rm d}v$ の範囲の速度で運動しているかを議論することが大事になる．この考えを利用して，スコットランドの Maxwell ならびにオーストリアの Boltzmann らによって速度分布に関する解析がなされ，外部と熱平衡にある N 個の理想気体の中で，x 軸方向に v_x から $v_x+{\rm d}v_x$ の速度で運動する分子の割合は，

$$\frac{{\rm d}N}{N}=\left(\frac{m}{2\pi k_{\rm B}T}\right)^{1/2}\exp\left(-\frac{mv_x^2}{2k_{\rm B}T}\right){\rm d}v_x=f(v_x)\,{\rm d}v_x \tag{4.34}$$

で表されることが示された．この関数 $f(v_x)$ が 1 次元のマクスウェルの速度分布関数（Maxwell velocity distribution function）と呼ばれている．式より明らかに $v_x=0$ のときに $f(v_x)$ は最大値をとるが，このことは分子が静止していることを意味しているわけではないことに注意が必要である．あくまでも x 軸方向の射影成分が 0 というだけである．

　ベクトル量ではなくスカラー量として議論を取り扱う方が容易である上，幸運なことに特に問題が生じるケースは少ない．そこで分子の速さ c を考えると，c から $c+{\rm d}c$ の速さで運動している分子の割合は，

$$\frac{{\rm d}N}{N}=4\pi c^2\left(\frac{m}{2\pi k_{\rm B}T}\right)^{3/2}\exp\left(-\frac{mc^2}{2k_{\rm B}T}\right){\rm d}c=f(c)\,{\rm d}c \tag{4.35}$$

で表される．ここで，$f(c)$ はマクスウェルの速さ分布関数（Maxwell speed distribution function）と呼ばれている．この関数を図示すると図 4.5 のようになる．

　分布曲線はある c の値に向かって増大していき，最大値を経たその後，指数関数的に減少していく．この $f(c)$ が最大値となる c の値は，それが最も多くの分子が運動する速さなので，最大確率の速さ（most probable speed）$c_{\rm mp}$ と呼ばれる．

　また，分布曲線には温度依存性が存在することも明らかである．低温では，分布は比較的狭く，その最大値が大きいが，高温では逆に分布は広がりその高さも

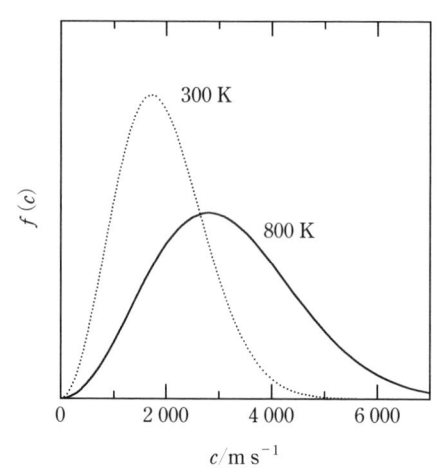

図 4.5 300 K と 800 K での気体の速さ分布 曲線は c と $c+dc$ の間の速さをもつ分子の割合に相当する.

低くなる．ただし，高温においては，速く運動する分子が多くなっていることが読み取れる．

ここで，速さと運動エネルギーについて考えてみる．

$$E = \frac{1}{2}mc^2 \tag{4.36}$$

により，分子の速さから運動エネルギーへと関連づけることが可能である．そこで，この関係により，マクスウェルの速さ分布関数からエネルギー分布関数が求められる．

$$\frac{dN}{N} = 2\pi E^{1/2}\left(\frac{1}{\pi k_B T}\right)^{3/2} \exp\left(-\frac{E}{k_B T}\right) dE = f(E)\,dE \tag{4.37}$$

dN/N は E から $E+dE$ の運動エネルギーをもつ分子の割合である．$f(E)$ がエネルギー分布関数である．すなわちエネルギー分布関数も，速さ分布関数と同様の温度依存性を有していることがわかる．

練習問題

4.1 80℃における水蒸気圧が 47.3 kPa であるとする．これを atm 単位，Torr 単位で表してみよ．

4.2 水銀柱で 500 mm の高さとなる圧力を空気柱で測定したとき，その空気柱の高さを求めよ．ただし，大気の密度は $1.2\,\mathrm{kg\,m^{-3}}$ で一定と考えよ．

4.3 118.8 kPa の圧力下，1.0 L の体積を占める窒素がある．この気体を温度一定のまま 101.3 kPa の圧力にすると，体積は何 L になるか．

4.4 1.01×10^5 Pa, 90℃で 1.0 L のアルゴンガスがある．この気体を同圧力のまま 0.90 L に減少させるには，温度を何℃まで下げればよいか．

4.5 容量 10.0 L のボンベに，20℃のときヘリウムガスが 14.7 MPa で充塡されている．このヘリウムガスの物質量はいくらか．

4.6 ある試料中のアルゴンの密度は27℃, 98.7 kPa で 1.481 g dm^{-3} であった. この試料中のアルゴンの平均原子量はいくらか.

4.7 100 cm^3 の密閉容器に 13.3 kPa の酸素, 400 cm^3 の密閉容器に 26.7 kPa の窒素が封入されている. 2つの容器をつないでいるコックを開け, 両容器をつないだときの酸素と窒素の分圧はいくらになるか. ただし, コックの体積は無視してよい.

4.8 23℃, 107.3 kPa のもとで酸素を水上置換により捕集したところ, 捕集された気体の体積は正確に 100 cm^3 であった. 捕集された酸素の 0℃, 101.3 kPa における体積を求めよ. なお, 23℃ における水蒸気圧は 2.8 kPa である.

4.9 300 K の窒素分子の平均の速さを求めよ.

4.10 4.7a. で求めたエネルギー分布関数から 300 K と 800 K の2つの温度での理想気体のエネルギー分布曲線を作成し, エネルギー依存性ならびに温度依存性について確認せよ. x 軸は 0 J から 3×10^{-20} J の範囲でよい.

5. 実在気体

実在気体 (real gas) は，理想気体の法則に必ずしも従わない．一般の条件では，差違はそれほど大きくはなく，近似的には理想気体と見なしてもよいが，高圧，低温の条件では顕著な差がみられるようになる．すなわち，気体が凝縮して液体になるようなときに影響が現れるのである．また，このことは，気体粒子が有限な大きさをもち，さらに，その粒子間の相互作用が無視できないことを意味している．

5.1 分子間力

実在気体が理想気体の法則からずれを示すのは，分子を構成する気体粒子間に働く力が無視できないからである．この分子間力が反発的に作用しているとき，気体は理想気体と比べ膨張しようとし，吸引的に作用しているときは理想気体と比べ収縮しようとすることになる．反発的な力と吸引的な力では，その関与する距離が異なっている．その様子を図5.1に示す．

分子間の反発力は，分子同士がかなり接近しているときだけ働き，それよりも分子間距離が遠くなると吸引力が働いてくるようになる．また，さらに遠く離れた場合は分子間力がほとんど影響しないようになる．これは，多数の分子が狭い空間に押し込められているとき（＝高圧条件），分子間には反発力が作用し，理想

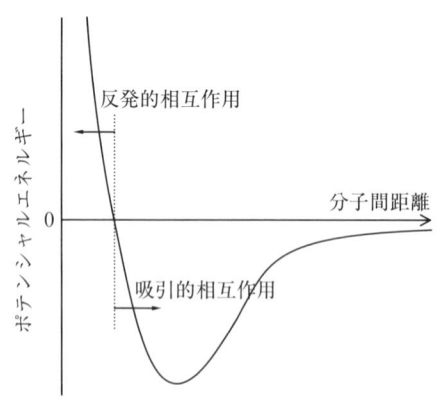

図5.1 2個の分子間に働くポテンシャルエネルギーの分子間距離依存性
距離が近づいて正のポテンシャルエネルギーとなるときは反発的な相互作用が働き，距離が離れて負のポテンシャルエネルギーとなるときは吸引的な相互作用が働く．

気体よりも圧縮しにくいためと予想される．大きな体積空間内に少数の分子しか存在しないとき（＝低圧条件）は，分子同士は平均的には互いに遠く離れており，分子間相互作用がほとんど影響しない．したがって，理想気体に近い振る舞いとなる．分子間の平均距離が分子直径の数倍となる中間の圧力では，強い引力が働くため，理想気体と比べて圧縮されやすい状態である．

5.2 圧縮因子

気体を高圧下に置くと，分子が互いに接近し，理想的な振る舞いから離れてくるようになる．このずれを考察するために，圧縮因子（compression factor）Zという概念を導入する．

4.5で説明したように，理想気体の状態方程式は$PV=nRT$で表される．ここで，圧縮因子として，

$$Z = \frac{PV}{nRT} = \frac{P\bar{V}}{RT} \tag{5.1}$$

を考えてみる．$\bar{V}$（$=V/n$）は気体のモル体積である．

理想気体では，ある温度Tにおいてはすべての圧力Pに対して$Z=1$であるが，実在気体では必ずしもそうはならない．したがって，Zの1からのずれが実在気体の非理想性とも見なせる．高圧条件では，実在気体の圧縮因子は$Z>1$となる（図5.2）．この領域では，気体は理想気体よりも圧縮しにくくなるが，5.1での分子間距離と分子間力の関係から期待されていたことに対応していることがわかる．すなわち，分子間距離が非常に短くなるのは高圧下にあるときであり，その際には反発的な相互作用が働くため，実在気体は圧縮しにくくなるのである．

低圧下では，ほとんどの気体の圧縮因子は1に近いものとなる．また，Pが0に近づくと，すべての気体について$Z=1$となる．このことは，5.1で説明したよ

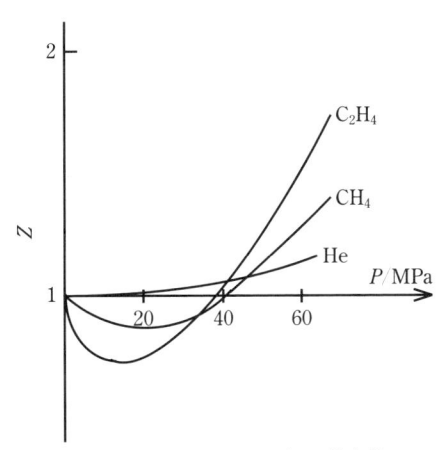

図5.2 圧縮因子Zの圧力P依存性
理想気体では$Z=1$の直線になる．

うに，低圧下では分子間相互作用がほとんど無視できるようになるため理想的な振る舞いに近くなることからも容易に考えられる．

5.3 ビリアル係数

実在気体の非理想的な振る舞いを記述するには，いくつかの方法がある．

図5.3に二酸化炭素の圧力-モル体積等温線を示すが，323 Kの等温線は比較的理想気体の等温線に近い挙動と考えても差し支えないことがわかる．

すなわち，状態方程式としても理想気体のものに近いということである．このことを発展させると，理想気体の状態方程式は，

$$P\bar{V} = RT(1 + B'P + C'P^2 + \cdots) \tag{5.2}$$

と展開した式の第1項だけを取り出した形という考え方が可能である．すなわち，すべての気体の状態方程式は圧力 P のべき級数としてとらえられるが，理想気体ではその簡略化された第1項のみで表現できるということである．

このべき展開式はモル体積のべき級数としても表現可能である．この場合は，

$$P\bar{V} = RT\left(1 + \frac{B}{\bar{V}} + \frac{C}{\bar{V}^2} + \cdots\right) \tag{5.3}$$

という形で表される．上記2式はいずれもビリアル状態方程式（virial equation of state）と呼ばれ，係数 B, C, …はビリアル係数（virial coefficient）という．なお，B は第2ビリアル係数，C は第3ビリアル係数であり，第1ビリアル係数は1（すなわち第1項）である．

各係数は第2，第3と進むにつれて急速に減少する．すなわち，

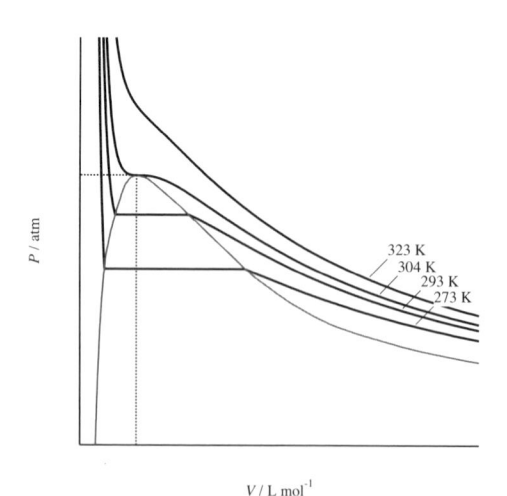

図5.3 二酸化炭素の圧力-モル体積等温線
304 Kは臨界温度での等温線であり，灰色の線より下部では液体と気体が共存している状態である．臨界温度より高温（323 K）での等温線ではすべて気体の状態となる．

$$B' \gg C' \gg D' \tag{5.4}$$

ということである．また，圧力 P でべき展開したビリアル状態方程式を変形することで，

$$Z = 1 + B'P + C'P^2 + \cdots \tag{5.5}$$

と，圧縮因子 Z を圧力 P によるべき展開式で表すことが可能になる．10 atm 程度までの圧力下で，温度がさほど低くない条件であれば，圧縮因子は，

$$Z = 1 + B'P \tag{5.6}$$

という第2ビリアル係数までを考えればよいことになる．

ビリアル係数は温度に依存する係数である．このことは，$P \rightarrow 0$ の極限においても，実在気体はどの温度においても必ずしも理想気体と完全に同じ振る舞いをするわけではないことを意味している．

5.2で説明したように，理想気体ではすべての圧力で $Z=1$ であり，したがって，

$$\frac{dZ}{dP} = 0 \tag{5.7}$$

という関係が得られる．実在気体についてはビリアル状態方程式より，

$$\frac{dZ}{dP} = B' + 2C'P + \cdots \longrightarrow B' \quad (P \rightarrow 0) \tag{5.8}$$

となるが，ここで，B' は必ずしも0とは限らない．すなわち，$P \rightarrow 0$ の極限においても，理想気体のような傾き0とはならずに有限の勾配をもつことを意味している．このことは，実在気体が理想気体とは必ずしも完全に同一の振る舞いをするわけではないことを意味している．

しかし，ビリアル係数には温度依存性があるため，ある温度で $P \rightarrow 0$ の極限において Z の傾きが0になるという状態をつくることは不可能ではない．この温度をボイル温度（Boyle temperature）T_B と呼び，その温度では実在気体は $P \rightarrow 0$ となるにつれて，理想気体と同じ振る舞いをするようになる．このとき，$P \rightarrow 0$ で Z の傾きが0であることから，B' が0になるような温度があるということでもある．このとき，他の温度のときと比べ，かなり広い圧力範囲で $Z=1$ となることになる．

5.4 凝　　縮

気体分子を圧縮し液化する，すなわち凝縮という現象は，比較的理解しやすい現象であろう．図5.3の二酸化炭素の 293 K の等温線では理想気体の振る舞いとは異なり，水平な部分が存在している．ここを拡大し模式的に表したものを図5.4に示す．

図中の点Aではすべて気体として存在しているが，温度一定のままモル体積を減少させる（シリンダーでガスを圧縮することをイメージするとよいであろう）と，圧力がしだいに上昇していく．最初は理想気体同様に $PV=$ 一定の関係を保っているかもしれないが，しだいに圧力の上昇が緩やかになってくるはずであ

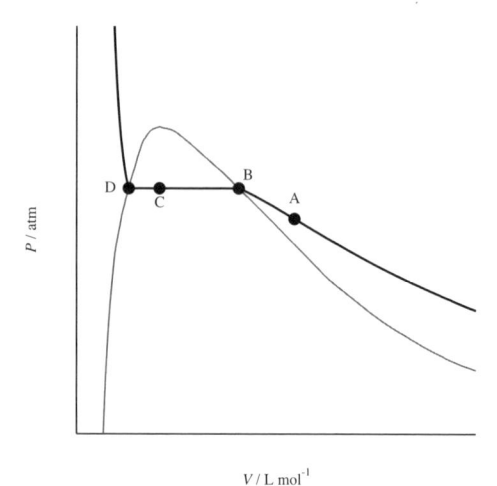

図 5.4 二酸化炭素の低温での圧力-モル体積
等温線

る．ここで，点 B に到達すると，液体の二酸化炭素が生成し始める．さらにモル体積を減少させると，圧力は一定のままで液体と気体が共存している状態となる（点 C）．この気液共存状態の圧力は，その温度における液体の蒸気圧（vapor pressure）である．さらに点 D へとモル体積を減少させていくと，液体のみの状態となる．この点より体積を減少させようとしても，圧力が急激に増大し，体積はごくわずかにしか減少しない．これは，液体が圧縮されにくいためである．

5.5 臨界定数

5.4 で，二酸化炭素の圧力-モル体積等温線上には，ある温度以下では水平部（図 5.4 の B-C-D 部）が存在し，それが蒸気と液体が共存している状態であることは説明した．図 5.3 からも明らかなように，この等温線は温度の上昇に伴い上方（高圧側）へと移動していくが，それに伴ってこの水平部の長さは減少していき，特定の温度で灰色の線とただ 1 点で接するようになる（図 5.5 の点 B）．この点を臨界点（critical point）といい，このときの温度，モル体積，圧力をそれぞれ臨界温度（critical temperature）T_C，臨界モル体積（critical molar volume）$\bar{V}_C$，臨界圧力（critical pressure）P_C と呼ぶ．二酸化炭素の場合，臨界温度は 304.2 K である．臨界温度以下では凝縮状態が観測できたが，臨界温度以上の高温では，どれだけ圧力が増加しようとも凝縮が起こらず，単一相，すなわち気体のままである．したがって，臨界温度よりも高温では液相が現れないことになる．

このことは，ボンベに二酸化炭素を充塡するときには工夫が必要なことを理解するのに役立つ．図 5.6 に示すように，二酸化炭素のボンベには「液化炭酸ガス」という文字がみられる．すなわち，ボンベ内の二酸化炭素は液体状態であるが，この状態は 304.2 K 以上では，単に二酸化炭素を圧縮しただけではつくることは

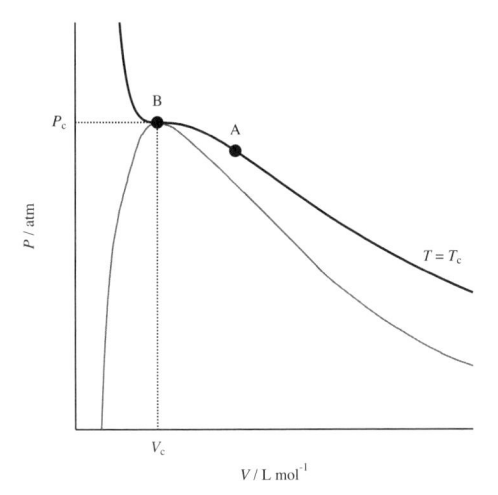

図 5.5　二酸化炭素の臨界温度での圧力-モル体積等温線

図 5.6　二酸化炭素のボンベ

できない．まず，温度を 304.2 K よりも低下させ，その後，等温的に気体を圧縮する必要がある．これにより液体の二酸化炭素をつくることが可能となる．

凝縮現象も臨界温度も，実在気体の非理想性から考えることができる．すなわち，分子間相互作用により引力が働かないと凝縮現象は起こらないし，また，分子が体積を有していないとすると凝縮により生じた液体が体積をもたないことになる．

5.6　ファンデルワールス式

実在気体の非理想性は，気体粒子が有限な体積をもち，さらに，その粒子間相互作用が無視できないことに起因している．これらを考慮した状態方程式の一つがファンデルワールス式（van der Waals equation）（オランダの van der Waals にちなむ）である．この状態方程式は，

$$\left(P+\frac{n^2}{V^2}a\right)(V-nb)=nRT \tag{5.9}$$

の形で表される．ここで圧力 P の補正項は分子間相互作用を考慮したものであり，体積 V の補正項が気体粒子の体積を考慮したものである．a と b はファンデルワールス定数（van der Waals coefficient）と呼ばれる定数であり，気体の種類に依存する．この状態方程式と理想気体の状態方程式 $PV=nRT$ を比較してみると，それぞれの意味がよくわかる．

気体が及ぼす圧力は，気体分子の壁への衝突速度および頻度に依存しているが，これらは分子間の引力により弱められる．また，これらは，気体中の分子密度 n/V に依存するため，圧力の減少については a を定数として $(n^2/V^2)a$ で表されることがわかる．そのため，実測圧力 P に，この補正値を加えることで理想気体の

圧力と同様の振る舞いに近似できることは明らかであろう．

気体分子に体積が存在することについては，気体の体積 V を存在する分子数に定数 b を掛けた値で補正することで近似が可能になることがわかる．

すなわち，ここで示された a と b は，それぞれが分子間相互作用補正，分子体積補正のためであることがわかる．ただし，その導出は厳密なものではなく，経験的なものに近い．

分子間力の尺度として沸点を考えてみると，a の値の大小関係は沸点の高低と関連づけられることが可能と考えられる．この予想は大まかには正しいが，必ずしもすべての気体間での整合性が得られるわけではない．たとえば，ネオンと水素のファンデルワールス定数 a はそれぞれ，0.214 atm L^2 mol^{-2}，0.248 atm L^2 mol^{-2} であるが，沸点は 27.1 K，20.3 K と逆転している．

ファンデルワールス式と臨界定数の間にはある関係がみられる．ファンデルワールス状態方程式の体積をモル体積に置き換え，モル体積の3次式として整理すると，以下のようになる．

$$\bar{V}^3 - \left(b + \frac{RT}{P}\right)\bar{V}^2 + \frac{a}{P}\bar{V} - \frac{ab}{P} = 0 \tag{5.10}$$

3次式であることから明らかに，$\bar{V}$ には3つの解が存在する．

$$T < T_C$$

の範囲では，$\bar{V}$ は3つの実数解をもち，そのうちの2つは図5.4の点Bと点Dに相当する気液共存領域との交点である（3つ目の解に特に意味はない）．

$$T > T_C$$

の範囲では，$\bar{V}$ は1つの実数解と2つの虚数解をもつことになる．

$$T = T_C$$

においては，すなわち臨界状態においては，$\bar{V}$ はただ1つの実数解をもち，その値が臨界モル体積 $\bar{V}_C$ となる．したがって，

$$(\bar{V} - \bar{V}_C)^3 = 0 \tag{5.11}$$

と，方程式は表せるはずである．これを $\bar{V}$ で展開すると，

$$\bar{V}^3 - 3\bar{V}_C \bar{V}^2 + 3\bar{V}_C^2 \bar{V} - \bar{V}_C^3 = 0 \tag{5.12}$$

という形になる．この式を先の式と比較し，$\bar{V}$ に関して係数を比較していくと，

$$b + \frac{RT_C}{P_C} = 3\bar{V}_C \tag{5.13}$$

$$\frac{a}{P_C} = 3\bar{V}_C^2 \tag{5.14}$$

$$\frac{ab}{P_C} = \bar{V}_C^3 \tag{5.15}$$

という関係が求められる．これらを解くと，

$$V_C = 3b \tag{5.16}$$

$$P_C = \frac{a}{27b^2} \tag{5.17}$$

$$T_C = \frac{8a}{27Rb} \tag{5.18}$$

となり，臨界定数がファンデルワールス定数と結びつけられることがわかる．

求められた臨界定数から，臨界圧縮因子（critical compression factor）Z_C について算出してみる．

圧縮因子の定義より，

$$Z_C = \frac{P_C \bar{V}_C}{R T_C} = \frac{\dfrac{a}{27b^2} \times 3b}{R \times \dfrac{8a}{27Rb}} = \frac{3}{8} \tag{5.19}$$

という値が得られることになる．実際の臨界圧縮因子は 0.25～0.30 程度のものが多いため，0.375（＝3/8）よりは小さい値となっているものの，この範囲ではほぼ同一のものとなっている．この一致度合いは，ファンデルワールス式が，厳密にではなく経験的に導かれたということを考えると，驚くべきものである．

練習問題

5.1 アルゴンの 273 K での第 2 ビリアル係数 B が，$-21.7 \text{ cm}^3 \text{ mol}^{-1}$ であるとして，同温度で 30 atm の際の，アルゴンのモル体積を計算せよ．また，その結果と理想気体の状態方程式から得られた結果とを比較して説明せよ．

5.2 ある気体の状態方程式が b を定数として $P(\bar{V} - b) = RT$ で表されるとき，圧縮因子 Z の式を求めよ．また，モル体積 $\bar{V}$ と b の関係から，この式における b の意味について説明せよ．

5.3 気相の窒素分子の窒素原子間距離が 0.109 8 nm であるとする．このとき，窒素分子 1 mol が占める体積を L mol^{-1} の単位で求めよ．また，この計算値とファンデルワールス定数 b（$= 0.039\,1 \text{ L mol}^{-1}$）との差違について説明せよ．

5.4 二酸化炭素のファンデルワールス定数が $a = 3.59 \text{ atm L}^2 \text{ mol}^{-2}$，$b = 0.042\,7 \text{ L mol}^{-1}$ であるとする．1.0 L の反応容器内に 2.0 mol の二酸化炭素を入れ，37℃ で気化させた．以下の場合の圧力をそれぞれ求めよ．
① ファンデルワールス式に従うとき
② 理想気体の状態方程式に従うとき

5.5 アルゴンの 100℃ でのモル体積が 0.241 L mol^{-1} であった．ファンデルワールス状態方程式に従うとして，このときの圧力および圧縮因子を求めよ．ただし，ファンデルワールス定数は $a = 1.36 \text{ atm L}^2 \text{ mol}^{-2}$，$b = 0.032\,2 \text{ L mol}^{-1}$ であるとする．

5.6 圧力-モル体積等温線の臨界点では $(\partial P / \partial \bar{V}) = 0$，$(\partial^2 P / \partial \bar{V}^2) = 0$ という関係が得られることがわかっている．この関係を用いて，臨界定数とファンデルワールス式の関係を求めよ．

5.7 図 5.5 に示した二酸化炭素の圧力-モル体積の 304.2 K での等温線において点 B は 0.094 L mol^{-1}，73 atm である．この値からファンデルワールス定数 a, b を計算せよ．

6. 熱力学第一法則

6.1 熱力学の系とエネルギー

　熱力学では，物質の状態が変化する際のさまざまなエネルギー変換を取り上げる．また，それらの変換がどのような条件で行われるかを規定することも重要である．ここでは，基本的な事項から説明するので，熱力学で扱うさまざまなエネルギーを定義するとともに，エネルギー変換を起こす条件も定義する．

　われわれが熱力学的に考察する際に中心となる部分を熱力学系（thermodynamic system）あるいは単に系（system）と呼ぶ．たとえば，系は化学反応を行う場所に存在する物質，すなわち反応容器中の気体であったり，液体であったりする．また，力学的エネルギーを生み出す内燃機関の場合は，シリンダー内部の燃料が系に相当する．一方，系の外の部分を周囲（surroundings）あるいは外界と呼ぶ．周囲をさらに分割して，熱的周囲と力学的周囲と呼ぶこともある．前者は，熱エネルギーのやりとりのみを行い，後者は力学的エネルギーのみをやりとりするというように，それぞれの役割を区別している．系と周囲は境界（boundary）で区切られており，両者により非常に単純な熱力学の宇宙が形成されている．

　さて，図6.1に示すように，エネルギーは，この系（ビーカー）と周囲の間を基本的に熱（熱エネルギー），仕事（力学的エネルギー）の形でやりとりされる．熱と仕事の意味は経験的に漠然と理解されているが，ここで厳密に定義しておく必要がある．熱とはエネルギーの一つの形態であって，系の間に温度差が存在する場合や物質移動がある場合に移動するエネルギーのことである．たとえば，2つの物体あるいは系（AとB）が接触している場合，両者に温度差が存在すると（各温度をT_A, T_Bとし，$T_A > T_B$である場合），熱は$T_A = T_B$になるまでAからBへ移動する．一方，仕事にはいろいろの形態があるが，ここでは膨張あるいは収縮などの体積変化を起こすのに必要な力学的エネルギーとして定義する．このように，本章で学ぶ古典熱力学では，エネルギーの変換は熱と仕事のみが系と周囲を出入りするように単純化している．

　ここで，熱qと仕事wの値の符号は混同しやすいので，注意を要する．図6.1に示すように，熱と仕事の値が正のとき，これらは周囲から系へ移動し，逆に負のときは，系から周囲へ出ていくものと定める．

　この系は，物質やエネルギーの出入りの形態により，次の4つに分類される．

　① 孤立系（isolated system）：　物質，熱，仕事すべての出入りが遮断され，周囲と相互作用しない．

　② 開放系（open system）：　物質，熱，仕事すべての出入りが行われる．

6.1 熱力学の系とエネルギー

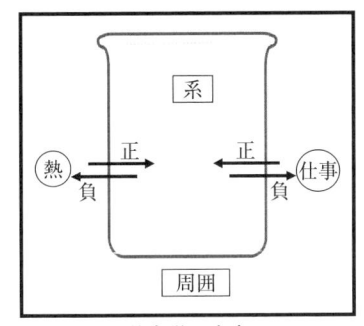

熱力学の宇宙

図6.1 熱力学の宇宙とその中で出入りする熱および仕事の関係

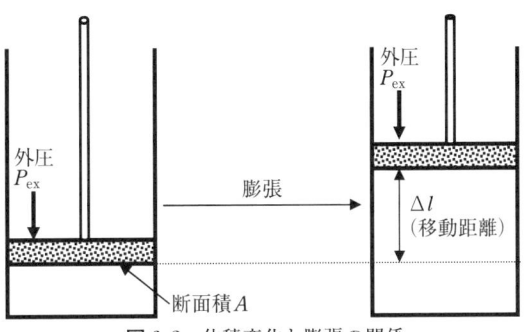

図6.2 体積変化と膨張の関係

③ 閉鎖系（closed system）：物質の出入りは遮断されているが，熱と仕事は出入りする．

④ 断熱系（adiabatic system）：物質と熱の出入りが遮断されているが，仕事は出入りする．

そこで，まず最初に理想気体を使って仕事を計算してみよう．

例題1 図6.2に示すピストン内の理想気体が膨張するときの仕事を求めよ．ただし，ピストンの断面積をA，移動した距離をΔl，外圧をP_{ex}で一定とする．

解答 ここで，問題となっているピストン内の理想気体が系であり，系のなす仕事は，

$$\text{仕事} = \text{作用している力} \times \text{移動した距離} \tag{6.1}$$

で求めることができる．各項目に値を入力してみると，

$$w = P_{ex} \times A \times (-\Delta l) \tag{6.2}$$

となる．ここで，$-\Delta l$と負の符号で表すのは，系が周囲に対して作用するからである．式（6.2）をさらに変形すると，

$$w = -P_{ex} \times \Delta V = -\int P_{ex} dV \tag{6.3}$$

となり，仕事は外圧と体積変化ΔVの積により求まる．系が膨張したことにより，周囲に仕事がなされたことから，wは負になる．図6.1の符号で定義したように，エネルギーは系から外に出たことになる．逆に，圧縮の場合wは正になる．

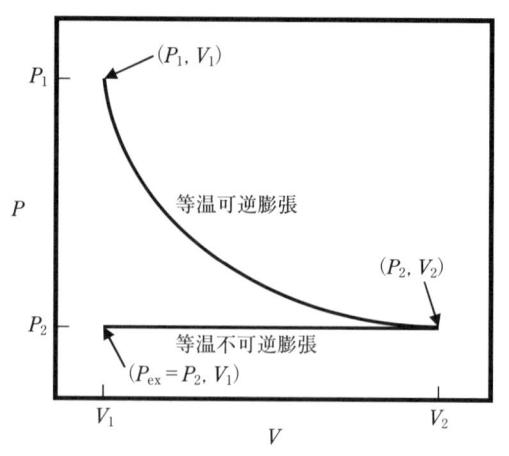

図6.3 理想気体の等温可逆膨張と等温不可逆膨張の P-V 曲線

6.2 可逆過程と不可逆過程

　系が変化を起こすとき，その過程がどのような条件で進行するかを正確に知ることにより，変化量を計算することが可能になる．特に，変化する過程で系とそれに接している周囲が平衡状態であるか非平衡状態であるかにより，変化量に大きな相違が生じる．前者を可逆過程（reversible process），後者を不可逆過程（irreversible process）と呼ぶ．可逆過程とは，系内と周囲の熱力学パラメーターの差を無限に小さくして（限りなく平衡に近い状態にして），変化させる過程をいう．たとえば，圧力の場合，内圧と外圧の差を無限小にして，均衡した状態で膨張させたとする．このような過程を可逆膨張という．不可逆過程とは，系内と周囲の熱力学パラメーターの差が顕著な状態で変化させる過程をいう．

　図6.3に，等温可逆膨張と等温不可逆膨張の P-V 曲線を示す．内圧 P_1 と外圧 P_{ex} がほぼ等しい状態（$P_1 = P_{ex}$）から，平衡のままで最終圧 P_2 まで膨張させると，図6.3の曲線のように変化する．一方，最初に P_1 が P_{ex} より大きく，P_{ex} が P_2 と等しく一定の状態で膨張すると，等温不可逆膨張になる．図からわかるように，等温可逆膨張の仕事 w_{re} は等温不可逆膨張の仕事 w_{ir} より大きく，最大の仕事を与える．

6.3 熱力学第一法則

　エネルギーは系から熱や仕事の形で外界に出たり，あるいは系へ入り込んだりする．この系があらかじめ保有しているエネルギーを内部エネルギー（internal energy）U と呼ぶ．これは，系に存在する物質を構成する原子や分子の運動エネルギー，ポテンシャルエネルギーなどすべてを含む．U の絶対値を求めるのはかなり複雑だが，熱力学ではエネルギーの収支を常に問題にするので，変化量 ΔU を求めるだけでよい．開放系や閉鎖系などの U は，外界との相互作用により q,

w が出入りすることにより増減する．つまり，系の内部エネルギー変化 ΔU は，q，w と次の式（6.4）に示す関係にある．

$$\Delta U = q + w \tag{6.4}$$

式（6.4）は，エネルギー保存の法則を表わし，熱力学第一法則を式で表現している．つまり言い換えれば，「系のエネルギーが増減しても宇宙全体でみるとエネルギーの総量は不変で一定であること」を意味する．系の外にいるわれわれは，系の U を直接観測することはできない．しかし，この法則により，出入りするエネルギーを観測することにより間接的に ΔU を算出することが可能であることを示している．

6.4 エンタルピー

さまざまな条件での ΔU を求めてみよう．

① 定容変化： 容積が変化しない容器内で反応が起こるときの ΔU は，式（6.4）より $q + w$ に等しいが，w を系の値 $P_{ex} \times \Delta V$ で置き換えると，例題1の式（6.3）により，

$$\Delta U = q - P_{ex} \times \Delta V \tag{6.5}$$

になる．しかし，体積変化がないので $\Delta V = 0$ を代入すると，

$$\Delta U = q \tag{6.6}$$

である．内部エネルギー変化は，出入りした熱に等しいことになる．

② 定圧変化： 一方，圧力一定（$P = P_{ex}$）で系で反応が生じるときの ΔU は，式（6.5）より，

$$\Delta U = q - P\Delta V \tag{6.7}$$

である．ここでは，定容変化と異なり体積変化も伴うので，ΔU は観測した q に等しくなく，さらに体積変化に要する力学的エネルギー（$-P\Delta V$）項も加えたエネルギーの合計に等しくなる．つまり，観測した熱は，次式に示すように，圧力一定での系の内部エネルギー変化と系の力学的エネルギーの合計に等しくなる．

$$q = \Delta U + P\Delta V \tag{6.8}$$

式（6.8）の右辺はすべて系の値で表されている．そこで，右辺 $\Delta U + P\Delta V$ をまとめて q に相当する新しい状態量（quantity of state）として定義すると，次式に示すように，非常に便利な状態量が得られる．状態量とは，系の性質を表す量のことで，圧力，体積，温度，内部エネルギー，などがある．状態量の差は，はじめと終わりの状態量差だけで求まり，変化が進行する経路に依存しない．

$$U + PV \equiv H \tag{6.9}$$

この式（6.9）で定義される系の状態量をエンタルピー（enthalpy）と呼ぶ．エンタルピーの微小変化 ΔH は，

$$\Delta H = \Delta U + \Delta(PV) = \Delta U + V\Delta P + P\Delta V \tag{6.10}$$

と表されるが，定圧反応では $V\Delta P = 0$ であるから，

$$\Delta H = \Delta U + P\Delta V = q \quad (P = \text{一定}) \tag{6.11}$$

になる．すなわち，定圧下での系のエンタルピー変化は出入りした熱に等しい．

6.5 熱容量

ここまでは，体積や圧力が変化する条件でのエネルギー変化を考えてきた．もう一つの重要な状態量である温度 T が変化する場合を考えてみよう．定容下では微小温度変化を dT としたときの熱の移動量 dq は dU に等しく，

$$dq = dU = C_V dT \quad （体積一定） \tag{6.12}$$

である．ここで，C_V は体積一定条件での温度係数で，定容熱容量（heat capacity at constant volume）と呼ばれる．したがって，温度を変化させて増減する単位温度あたりの熱を測定することにより，C_V を見積もることができる．一方，定圧下では微小温度変化に伴う微小熱移動量は，

$$dq = dH = C_P dT \quad （圧力一定） \tag{6.13}$$

となる．C_P は圧力一定条件での温度係数で，定圧熱容量（heat capacity at constant pressure）と呼ばれる．

理想気体では，

$$C_P - C_V = nR （理想気体） \tag{6.14}$$

が成立する．また，単原子分子が構成する理想気体では，温度上昇に伴う ΔU は分子の並進運動エネルギー E_{trans}（$= (3/2)nRT$）に相当する．つまり，$U = E_{\text{trans}} = (3/2)nRT$ となる．定容熱容量は $V=$ 一定で，U を T で微分することにより求まるから，

$$C_V = \left(\frac{\partial U}{\partial T}\right)_V = \frac{3}{2}nR \tag{6.15}$$

となる．モル定容熱容量は $C_{mV} = (3/2)R$ となり，同様にモル定圧熱容量は $C_{mP} = (5/2)R$ となる．

6.6 相変化とエンタルピー

物質は，温度や圧力に依存してさまざまな相変化を起こす．化学反応だけでなく，このような相変化においてもエンタルピー変化 ΔH を伴う．たとえば，固体物質 1 mol あたりの融解に伴うエンタルピー変化を融解エンタルピー（enthalpy of fusion）ΔH_{fus} と呼び，また，一定圧力下において 1 mol の液体物質が蒸発するのに要するエネルギーを蒸発エンタルピー（enthalpy of evaporation）ΔH_{vap} と呼ぶ．

例題 2 一定圧力下で 36.0 g の氷が 0.0℃で水に融解し，さらに温度が上昇して 100.0℃で水蒸気に相転移した．このときの全エンタルピー変化 ΔH_t を計算せよ．ただし，0.0℃における氷の ΔH_{fus} は 6.01 kJ mol^{-1}，100.0℃における ΔH_{vap} は 40.7 kJ mol^{-1} とする．また，水の C_P は，0.0℃から 100.0℃まで 75.3 J mol^{-1} K^{-1} で一定として

計算せよ.

解答 ΔH_t は,ΔH_{fus},ΔH_{vap},温度上昇による ΔH を合計した値に相当する.よって,

$$\Delta H_t = \Delta H_{fus} + \Delta H + \Delta H_{vap}$$
$$= \left(6.01 \times 10^3 \text{ J mol}^{-1} + \int_{273.15\text{K}}^{373.15\text{K}} C_P \, dT + 40.7 \times 10^3 \text{ J mol}^{-1}\right) \times \frac{36.0 \text{ g}}{18.0 \text{ g mol}^{-1}}$$
$$= \{46.71 \times 10^3 \text{ J mol}^{-1} + 75.3 \text{ J mol}^{-1} \text{ K}^{-1} \times (373.15 \text{ K} - 273.15 \text{ K})\} \times 2.0 \text{ mol}$$
$$= 108 \text{ kJ}$$

と求められる.

6.7 熱化学方程式と反応エンタルピー

化学反応に伴って系を出入りする熱を反応熱と呼ぶことがあるが,熱は系の状態量ではない.厳密に,熱力学の状態量で表現すると,反応が定容変化であれば熱に相当するのは ΔU であり,定圧変化であれば ΔH に相当する.実際には,後者の条件で(特に大気圧下で)扱われる場合が多い反応エンタルピー ΔH について,詳しく説明する.

標準反応エンタルピー $\Delta H°$ とは,標準状態の反応物が標準状態の生成物に転化するときのエンタルピー変化をいう.右肩の「°」は標準圧力下での条件を指す.気体の場合は理想気体を条件とする.標準状態は IUPAC の推奨する SATP と以前から慣習的に使用されてきた STP の2つが現在も使用されている(第4章参照).SATP では 298.15 K,100 kPa,STP では 0°C,1 atm(101.3 kPa)で表される[1].式 (6.16) に示されるような反応により生ずる系の $\Delta H°$ が,

$$\text{反応物 A} + \text{反応物 B} \longrightarrow \text{生成物 C} \quad (\Delta H° = ? \text{ kJ}) \quad (6.16)$$

負の場合($\Delta H° < 0$)は発熱反応(exothermic reaction),逆に正の場合($\Delta H° > 0$)は吸熱反応(endothermic reaction)と呼ぶ.$\Delta H°$ ははじめと終わりの状態にのみ依存し,途中の経路に無関係である.したがって,実際の反応を行わなくても反応式に含まれる物質が関与するさまざまな反応エンタルピーを用いて,間接的に問題とする反応の $\Delta H°$ を求めることができる.これは,ヘスの法則(Hess's law)あるいは総熱量不変の法則(the law of constant heat summation)として知られている.一例を例題3に示す.

例題3 以下の熱反応方程式で示されるエチレンの塩素化反応および 1,2-ジクロロエタンの脱塩素化水素反応の $\Delta H°$ を用いて,エチレンから 1,2-ジクロロエタンを経ないで直接塩化ビニルを生成する反応の $\Delta H°$ を求めよ.ちなみに熱化学方程式では,化学式の後ろに必ず物質の状態をつけて指定する.たとえば,c(crystal),s(solid),l(liquid),g(gas) をつけて指定する必要がある.また,方程式の $\Delta H°$ は 1 mol あたりで示すことが定められているので,mol^{-1} を省略して値が示される.

$$C_2H_4(g) + Cl_2(g) \longrightarrow CH_2Cl-CH_2Cl(l) \quad (\Delta H° = -219.9 \text{ kJ})$$
$$CH_2Cl-CH_2Cl(l) \longrightarrow CH_2=CHCl(g) + HCl(g) \quad (\Delta H° = 112.4 \text{ kJ})$$

解答 両反応式を加えることにより,中間生成物の CH_2Cl-CH_2Cl が消去できる.す

なわち，

$$C_2H_4(g) + Cl_2(g) + CH_2Cl-CH_2Cl(l) \longrightarrow CH_2Cl-CH_2Cl(l) + CH_2=CHCl(g) + HCl(g)$$
$$(\Delta H° = -219.9 \text{ kJ} + 112.4 \text{ kJ} = -107.5 \text{ kJ})$$

となる．

6.8 標準生成エンタルピー

化合物の標準生成エンタルピー（standard enthalpy of formation）$\Delta H_f°$ とは，単体を反応物とする場合の標準反応エンタルピーのことである．たとえば，二酸化炭素の $\Delta H_f°$ は，黒鉛と酸素を反応物とするときの標準反応エンタルピーである．

$$C + O_2(g) \longrightarrow CO_2 \quad (\Delta H_f° = -393.5 \text{ kJ})$$

このように，$\Delta H_f°$ がわかるとあらゆる反応の $\Delta H°$ を求めることができる．すなわち，ある反応の $\Delta H°$ は，次式に示すように，生成物の標準生成 $\Delta H_f°$（prod）の合計から反応物の標準生成エンタルピー $\Delta H_f°$（react）の合計を引いた値に等しい．

$$\Delta H° = \sum_i \nu_i \Delta H_{f,i}°(\text{prod}) - \sum_j \nu_j \Delta H_{f,j}°(\text{react}) \tag{6.17}$$

ここで，ν はモル単位で表した化学量論係数である．

6.9 結合解離エンタルピー

H_2 分子が H 原子に解離する反応は H−H 結合の開裂のみを伴う．このような結合の開裂のみを過程とする反応の $\Delta H°$ は，結合解離エンタルピー（bond dissociation enthalpy）$\Delta D°(H-H)$ と呼ばれる．ここで，$(H-H)$ は H_2 分子の H−H 間の単結合を指す．$\Delta D°$ は，しばしば結合エネルギーと混同されるが，厳密には異なる．結合エネルギーは $T=0$ K における結合解離反応の $\Delta U°$ に相当し，$\Delta D° = \Delta U° + (3/2)RT$（2 原子分子の場合）の関係がある．$H_2$ 分子のような単結合のみが関与する場合は次式で示すように単純であるが，

$$H_2(g) \longrightarrow 2H(g) \quad (\Delta D°(H-H) = 436 \text{ kJ} = \Delta H°) \tag{6.18}$$

複数の単結合をもつ CH_4 の $\Delta D°(C-H)$ を求める場合には少々複雑になる．4 つの C−H 結合が一度に解離する反応（式 (6.19)）の $\Delta H°$ を求め，これを 4 で割れば平均結合解離エンタルピー（結合エンタルピー）が求まる．

$$CH_4(g) \longrightarrow C(g) + 4H(g) \quad \left(\Delta D°(C-H) = 416 \text{ kJ} = \frac{\Delta H°}{4}\right) \tag{6.19}$$

ここで，CH_4 (g)，C (g)，H (g) の $\Delta H_f°$ は，それぞれ，-74.4 kJ mol^{-1}，716.67 kJ mol^{-1}，218.00 kJ mol^{-1}（298.15 K，1 bar）であり，これより，式 (6.19) の $\Delta H° = 1\,663.07$ kJ mol^{-1} が求まる．

6.10 エンタルピーの温度依存性

今までのエンタルピーは，標準状態での問題を主に扱ってきた．実際には，数百℃での高温や低温での反応を頻繁に取り扱う．そこで，標準状態と異なる温度での $\Delta H_T°$ を求めてみよう．ここで必要なのは，6.5で導いた熱容量である．今，定圧条件で生成物の熱容量と反応物の熱容量の差を ΔC_P，標準状態の温度を T_1 とすると，$\Delta H_T°$ は，

$$\Delta H_T° = \Delta H_{T_1}° + \int_{T_1}^{T} \Delta C_P \, dT \quad (P=一定) \tag{6.20}$$

となる．式 (6.20) はキルヒホッフの法則 (Kirchhoff's law) と呼ばれる．ここで，ΔC_P が一定なら積分は簡単であるが，実際には温度の関数 $C_P = a + bT + cT^{-2}$ で表される．したがって，

$$\Delta C_P = \Delta a + \Delta b T + \Delta c T^{-2} \tag{6.21}$$

となるから，式 (6.21) を式 (6.20) に代入して $T_1 \sim T$ の範囲で積分すると，

$$\Delta H_T° = \Delta H_{T_1}° + \Delta a(T - T_1) + \frac{1}{2}\Delta b(T^2 - T_1^2) - \Delta c\left(\frac{1}{T} - \frac{1}{T_1}\right) \tag{6.22}$$

になる．

6.11 断熱変化

系と周囲の間の熱移動を閉ざした断熱系で生じる変化は断熱過程 (adiabatic process) と呼ばれ，われわれは身近なところでこの過程を応用した機器を日々利用している．理想気体の等温過程では，$PV=$ 一定の関係であることを学んだ．それでは，理想気体の断熱過程では，どのような関係になるであろうか．

まず，周囲との熱の出入りが閉ざされているので，$q=0$ であるから，式 (6.4) に代入すると，

$$\Delta U = w = -P\Delta V (断熱過程) \tag{6.23}$$

となる．つまり，V が増加（膨張）すれば U は減少し，系の温度は低下する．式 (6.23) から，P-V の挙動を導いてみよう．$\Delta U = C_V \Delta T$（式 (6.12)）だから，式 (6.23) は $C_V \Delta T + P \Delta V = 0$ となり，$P = nRT/V$ を代入すると，

$$C_V \frac{\Delta T}{T} + nR \frac{\Delta V}{V} = 0 \tag{6.24}$$

になる．今，状態が T_1，V_1 から T_2，V_2 へ断熱変化する場合，式 (6.24) の各項を積分すると，

$$C_V \ln \frac{T_2}{T_1} + nR \ln \frac{V_2}{V_1} = 0 \quad (C_V = 一定として) \tag{6.25}$$

が得られる．$n=1$ mol，$C_P/C_V = \gamma$ とおくと，式 (6.14) の関係から，

$$\ln \frac{T_2}{T_1} + (\gamma - 1) \ln \frac{V_2}{V_1} = 0 \tag{6.26}$$

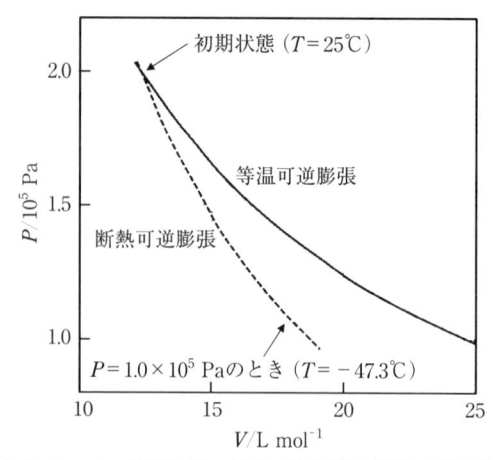

図 6.4 1 mol の理想気体の等温可逆膨張と断熱可逆膨張の P-V 曲線

表 6.1 等温過程および断熱過程におけるエネルギー変化（$n=1$）

過程	ΔU	ΔH	w	q
等温不可逆 (P_{ex} =一定)	0	0	$-P_{ex} \times \Delta V$	$P_{ex} \times \Delta V$
断熱不可逆 (P_{ex} =一定)	$-P_{ex} \times \Delta V$	$C_P \Delta T$	$-P_{ex} \times \Delta V$	0
等温可逆 ($V_1 \rightarrow V_2$)	0	0	$-RT\ln(V_2/V_1)$	$RT\ln(V_2/V_1)$
断熱可逆 ($V_1 \rightarrow V_2$)	$C_V \Delta T$	$C_P \Delta T$	$C_V \Delta T$	0

となる．よって，式 (6.26) を変形すると，

$$\frac{T_2}{T_1} = \left(\frac{V_2}{V_1}\right)^{(1-\gamma)} \tag{6.27}$$

となる．P-V の関係を求めるには，$T_1 = P_1V_1/nR$，$T_2 = P_2V_2/nR$ を式 (6.27) にそれぞれ代入する．

$$P_1V_1^\gamma = P_2V_2^\gamma \tag{6.28}$$

よって，

$$PV^\gamma = 一定 \tag{6.29}$$

となり，これをポアソンの法則 (Poisson's law) と呼ぶ．練習問題 6.4, 6.5 の等温過程と比較してみるとその挙動は大きく異なる．両過程の P-V 曲線を図 6.4 に示す．断熱膨張では等温可逆膨張より，単位体積あたりの圧力減少率が大きくなる．これは，断熱過程で温度低下を伴うためである．

また，まとめとして表 6.1 に各過程におけるエネルギー変化がどのような関係になるかを示した．

参考文献

1) 長野八久, 熱測定, **31**(3), 146-150 (2004).
2) Lide, D. R. ed., Handbook of Chemistry and Physics (73rd ed.), CRC Press (1992).

練習問題

6.1 第1段階で, 系は70.0 kJの熱を吸収した. 第2段階で, 系は45.0 kJの仕事を周囲に行い, 周囲に25.0 kJの熱を放出してもとの状態に戻った. この熱力学的過程の熱 q, 仕事 w, 内部エネルギー変化 ΔU をそれぞれ計算せよ.

6.2 容積 V の容器に, 1.00 molの理想気体が入っている. その気体が 1.00×10^2 J の熱を吸収すると, 温度が上昇した. このときの ΔU を求めよ. ただし, 気体の $C_V = (3/2)R$ とする. また, このとき何度上昇したかを求めよ.

6.3 1.00 bar, 27.0℃で二酸化炭素1.00 molを定圧下で127℃まで加熱した. このときの $\Delta H°$ を求めよ. ただし, モル定圧熱容量は $C_{mP} = 44.22$ J K^{-1} mol^{-1} + 8.79×10^{-3} J K^{-2} mol^{-1} T -8.62×10^5 J K mol^{-1} T^{-2} (J K^{-1} mol^{-1}) とする.

6.4 5.00 atm, 300 Kの理想気体1.00 molが等温可逆的に2倍の体積に膨張したときの w を求めよ.

6.5 5.00 atm, 300 Kの理想気体1.00 molが等温可逆的に圧力が1.00 atmになるまで膨張したときの w を求めよ.

6.6 1.00 atm, 25.0℃の理想気体を1.00 dm^3 から5.00 dm^3 まで断熱可逆膨張した. 最終温度 T_2, 最終圧力 P_2, ΔU, エンタルピー変化 ΔH を求めよ. ただし, $C_P/C_V = 5/3$ とする.

6.7 アセトン (C$_3$H$_6$O) の燃焼エンタルピーは, -1789.92 kJ mol^{-1} である. アセトンの標準生成エンタルピー $\Delta H_f°$ (react) を求めよ. ただし, 炭素および水素の燃焼エンタルピーはそれぞれ, -393.51, -285.83 kJ mol^{-1} である[2].

7. 熱力学第二法則と熱力学第三法則

7.1 自発変化とエントロピー

第一法則では，状態が変化する際のエネルギーを変換について学んだ（6.3参照）．しかし，この状態変化がどの方向に向かっているかに注目して議論していない．現実の自然界では，さまざまな自発変化が観測される．これらの変化においては，ある方向性に一様にエネルギーが移動している．この自発変化の方向性とその変化の程度を示す新しい状態量として，エントロピー（entropy）S を導入する．

たとえば，大気中に気圧の差（圧力差）が生じると空気の流れが気圧の高い方から低い方へ流れ，風が吹く．これはまさに自発変化で，この際の圧力差は大きく，不可逆過程が進行しているといえる．この例のように，自然界で観測される自発変化は，すべて不可逆過程である．また，高温の物質と低温の物質を接触させると，自発的に高温から低温へと熱の移動が起こる（図7.1）．前者の例は物質の分散する方向であり，後者の例はエネルギーの分散する方向である．1877年にオーストリアのBoltzmannは，物質やエネルギーの分散度がそれらの状態確率 W に依存することを示し，熱力学の状態量であるエントロピーと関連づけて式（7.1）を導いた．このように，エントロピーが分散度と関連していることを初めて論理的に証明したのである．

$$S = k \ln W \quad (k = \text{ボルツマン定数}) \tag{7.1}$$

7.2 熱力学第二法則

エントロピーは，物質やエネルギーの分散の程度，すなわち，状態の乱雑さが

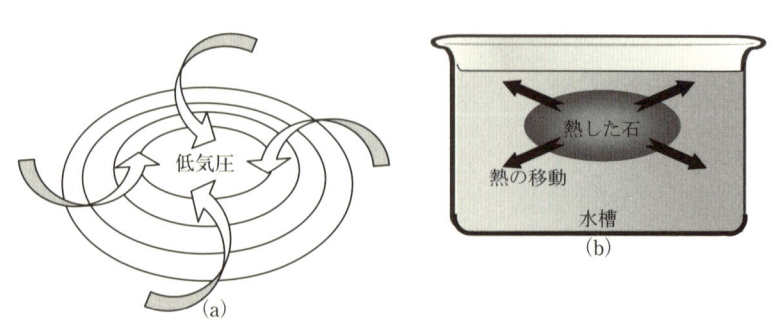

図7.1 自発的変化の例
(a) 気圧の高い方（高気圧）から低い方（低気圧）に向かって空気の流れが起こる．
(b) 熱した石から水槽への熱の移動．

どれくらいであるかを示す尺度であると前節で述べた．すなわち，物質やエネルギーが散逸すれば，エントロピーが増加する．これは，自発変化の進む方向と一致している．この関係を定義しているのが熱力学第二法則である．別の表現をすると，第二法則は，「孤立系で自発変化が生じるとそのエントロピーが増加する」となる．

このように便利な尺度であるエントロピーを求めるのに常に状態確率を求める必要があるかというと，そうではない．第一法則で用いた巨視的な状態量を使って，エントロピーを求めることができる．すなわち，系の状態変化に伴うエントロピー変化 ΔS は等温可逆過程で，

$$\Delta S = \frac{q_{\text{rev}}}{T} \tag{7.2}$$

と表される．この関係は，1854年にドイツのClausiusによって初めて導かれた．言い換えれば，系に可逆的に出入りした熱 q_{rev} を絶対温度 T で割った値として定義された．ちなみにエントロピーは，もともと熱の移動する程度を示す状態量として導入された．エントロピーの定義で，系の変化の際に移動した熱を温度でわざわざ割るのには，重要な意味がある．熱は高熱源から低熱源へと自発的に移動する．このとき，高熱源と低熱源の温度差が大きいほど移動する熱量は大きくなる．この温度差を補正するために，熱を温度で割る必要がある．

さらにClausiusは，第二法則についても明確に説明した．すなわち，「（自発的には起こらない）低温の物体から高温の物体に熱を移動させるには，外部から他のエネルギーを導入しない限り不可能である」と述べた．これは，上述したエントロピーを用いた表現と異なるが，本質的に同じことを述べている．歴史的に熱力学第二法則は，熱機関の開発の過程で生まれた．次節では，熱機関について説明する．

7.3　熱エンジンモデルと熱効率

1824年，フランスのCarnotにより熱機関の基本原理であるカルノーサイクル（Carnot cycle）が考案された．Carnotの基本的な熱機関（カルノーエンジン）では，図7.2に示すように，系（熱機関）では高熱源と低熱源に接触している．この熱機関は，以下に示すような4つの過程を経て1つの運動サイクルを形成する．

・過程1：　気体の詰まった系を高熱源 T_2 に接触させて，等温可逆的に V_1 から V_2 へ膨張を行い，熱量 q_2 を系に移動させる．この膨張により，周囲へ w_1 の仕事を行う．等温過程なので，

$$\Delta U = 0 \tag{7.3}$$

であるため，熱力学第一法則（式(6.4)）より，

$$w_1 = -\int P dV = -RT_2 \int_{V_1}^{V_2} \frac{dV}{V} = -RT_2 \ln \frac{V_2}{V_1} = -q_2 \tag{7.4}$$

・過程2：　系を熱源から離して断熱材で周囲を覆い，可逆的に V_2 から V_3 へ

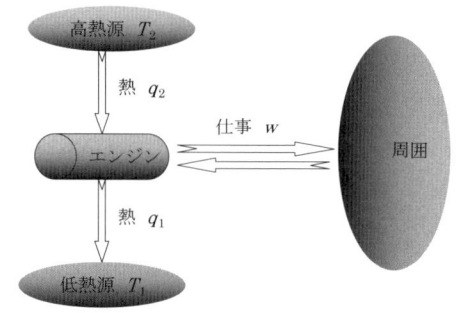

7. 熱力学第二法則と熱力学第三法則

図7.2 カルノーエンジン

断熱膨張を行うと，温度は T_2 から T_1 へ低下する．この膨張の際に，周囲へ w_2 の仕事をする．断熱膨張なので，

$$q = 0 \tag{7.5}$$

よって，

$$w_2 = \Delta U = C_V \Delta T = C_V(T_1 - T_2) \tag{7.6}$$

・過程3： 系を低熱源 T_1 に接触させて，等温可逆的に V_3 から V_4 へ圧縮し，余った熱量 q_1 を系から放出する．この圧縮により周囲から w_3 の仕事がなされる．等温過程なので，過程1と同様に $\Delta U = 0$ であるため，

$$w_3 = -\int P dV = -RT_1 \int_{V_3}^{V_4} \frac{dV}{V} = -RT_1 \ln \frac{V_4}{V_3} = -q_1 \tag{7.7}$$

・過程4： 系を熱源から離して再度断熱材で周囲を覆い，可逆的に V_4 から V_1 へ断熱圧縮する．この圧縮では，周囲から w_4 の仕事がなされ，最初の状態に戻る．断熱過程なので，$q = 0$ となり，

$$w_4 = \Delta U = C_V \Delta T = C_V(T_2 - T_1)$$

以上の循環過程をカルノーサイクルと呼ぶ．わかりやすくするためにその P-V 座標を図7.3に示す．

この熱機関の効率 η は，系が吸収した熱量でどれだけの仕事をしたかということで表される．よって，式で表すと，

$$\begin{aligned}
\eta &= \frac{-(w_1 + w_2 + w_3 + w_4)}{q_2} \\
&= \frac{RT_2 \ln \frac{V_2}{V_1} - C_V(T_1 - T_2) + RT_1 \ln \frac{V_4}{V_3} - C_V(T_2 - T_1)}{q_2} \\
&= \frac{RT_2 \ln \frac{V_2}{V_1} + RT_1 \ln \frac{V_4}{V_3}}{RT_2 \ln \frac{V_2}{V_1}}
\end{aligned} \tag{7.8}$$

ここで，断熱過程2および4より，$T_2 V_2^{C_V/R} = T_1 V_3^{C_V/R}$，$T_2 V_1^{C_V/R} = T_1 V_4^{C_V/R}$ であることから，$V_2/V_1 = V_3/V_4$ の関係が得られるので，

7.4 等温可逆過程におけるエントロピー変化

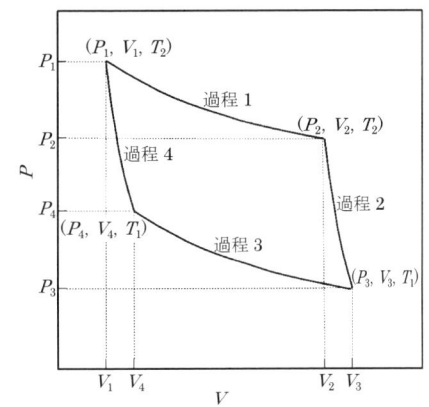

図7.3 P-V座標で示したカルノーサイクル

$$\eta = \frac{R(T_2 - T_1)\ln\frac{V_2}{V_1}}{RT_2 \ln\frac{V_2}{V_1}} = \frac{T_2 - T_1}{T_2} \tag{7.9}$$

このように，効率は2つの熱源の温度のみに依存することがわかる．式 (7.9) より T_2 が無限大か T_1 が 0 の場合にのみ，100％の熱効率が得られる．イギリスのKelvin は，1851年に熱力学第二法則として「ただ1つの熱源より熱を吸収して完全に仕事に変換できる熱機関は存在しない」と表現した．それは，まさに上述した結果を指している．

7.4　等温可逆過程におけるエントロピー変化

融点での個体の融解や蒸気圧に等しい分圧下での液体の蒸発などの相変化は，逆方向にも進行可能な等温可逆変化と見なせる．たとえば，温度 T が一定で状態1から2に変化するときのエントロピー変化 ΔS は，式 (7.2) で示されるように，

$$S_2 - S_1 = \Delta S = \frac{q_{\text{rev}}}{T} \tag{7.10}$$

定圧条件では $q_{\text{rev}} = \Delta H$ になるから，

$$\Delta S = \frac{\Delta H}{T} \tag{7.11}$$

ここで求めたエントロピー変化は系の状態量である．そこで，系だけでなく周囲を含めた宇宙のエントロピー変化 ΔS_{univ} について考えてみよう．可逆変化では，系が得た熱量 q_{sys} は周囲が失った熱量 q_{surr} に等しい．すなわち，次式 (7.12) の関係にある．

$$q_{\text{sys}} = -q_{\text{surr}} \quad (可逆過程) \tag{7.12}$$

ΔS_{univ} は系のエントロピー変化 ΔS_{sys} と周囲のエントロピー変化 ΔS_{surr} の合計

に等しい．よって，

$$\Delta S_{univ} = \Delta S_{sys} + \Delta S_{surr} = \frac{q_{sys}}{T} + \frac{q_{surr}}{T} = \frac{q_{sys}}{T} - \frac{q_{sys}}{T} = 0 \text{（可逆過程）} \quad (7.13)$$

となる．すなわち，可逆過程では宇宙全体のエントロピー変化は0になる．つまり，平衡状態では $\Delta S_{univ} = 0$ ということである．

7.5　エントロピーの温度依存性

前節では，温度が一定である場合のエントロピー変化を求めた．それでは，温度が変化する場合のエントロピー変化を求めてみよう．まず，圧力を一定条件にして，周囲から系へ可逆的に熱が移動して，温度が T_1 から T_2 へ変化する場合を考えてみよう．

$q_{rev} = \Delta H$ であるから，式 (7.2) より，微小エンタルピー変化 dH に伴うエントロピーの変化量 dS は，

$$dS = \frac{dH}{T} \quad (7.14)$$

これを積分すると，エントロピー変化が求まる．

$$\Delta S = \int dS = \int \frac{dH}{T} = \int_{T_1}^{T_2} \frac{C_P}{T} dT = C_P \ln \frac{T_2}{T_1} \quad (C_P = \text{一定}) \quad (7.15)$$

また，体積一定条件の場合には，式 (6.12) と式 (7.10) より，式 (7.16) のように ΔS が求まる．

$$\Delta S = \int_{T_1}^{T_2} \frac{C_V}{T} dT = C_V \ln \frac{T_2}{T_1} \quad (C_V = \text{一定}) \quad (7.16)$$

7.6　エントロピーの体積と圧力依存性

n mol の理想気体が温度 T で等温膨張する場合のエントロピー変化を求めてみよう．このとき，体積は V_1 から V_2 へ変化すると，理想気体の等温変化では $\Delta U = 0$（表6.1参照）だから，そのときに出入りする熱量 q_{rev} は，式 (6.4) より以下のようになる．すなわち，

$$\Delta S = \frac{q_{rev}}{T} = -\frac{w}{T} = \int \frac{P}{T} dV = \int_{V_1}^{V_2} \frac{nR}{V} dV = nR \ln \frac{V_2}{V_1} \quad (7.17)$$

圧力との関係をみるためには，$V_1 = nRT/P_1$，$V_2 = nRT/P_2$ を式 (7.17) へ代入すればよい．

$$\Delta S = nR \ln \frac{\frac{nRT}{P_2}}{\frac{nRT}{P_1}} = nR \ln \frac{P_1}{P_2} \quad (7.18)$$

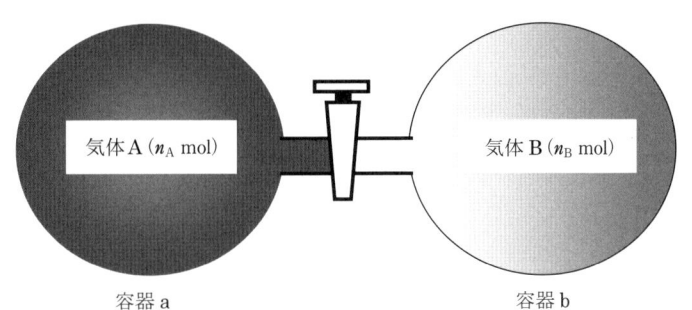

図7.4 等しい圧力 P をもつ気体 A と B のそれぞれ入った容器 a と b を
連結し，その間の栓を開くと，拡散により A と B が混合する

7.7 混合エントロピー

今まで述べたエントロピー変化は，単一の物質を取り扱う場合に限定していた．複数の物質を混合する場合についてのエントロピー変化について考えてみよう．図7.4に示すように，容器 a と b を1つの管で連結し，容器 a と b にはそれぞれ，n_A mol の気体 A と n_B mol の気体 B が充塡されている．両方の気体の圧力は最初 P 気圧と等しく，間の栓を開けると，両方の気体は穏やかに拡散して混合する．平衡に達したときの気体 A と B の分圧をそれぞれ，P_A と P_B とおくと，この混合過程に伴うエントロピー変化は，式（7.18）を用いて求めることができる．

$$\Delta S = R\left(n_A \ln \frac{P}{P_A} + n_B \ln \frac{P}{P_B}\right) \tag{7.19}$$

さらに，$P_A = X_A P$，$P_B = X_B P$ とおけるから（X_A と X_B はそれぞれ A と B のモル分率），

$$\Delta S = R\left(n_A \ln \frac{1}{X_A} + n_B \ln \frac{1}{X_B}\right) \tag{7.20}$$

の関係が得られる．

7.8 熱力学第三法則—絶対エントロピーとの関係—

エントロピーは「自発変化の方向性とその変化の程度を示す新しい状態量」として定義し，さまざまな状態変化に対するエントロピー変化 ΔS を求めた．それでは，その絶対値はどのように定義されるのであろうか．式（7.15）より，物質のエントロピーは温度とともに増大することがわかる．逆にいえば，温度を低下するとともにエントロピーは減少する．温度を下げていくと，エントロピーはどこまで減少するであろうか．それに対する答えを，1906年にドイツの Nernst が見出した．物質は絶対温度0では原子や分子の運動が停止し，熱エネルギーによる原子のゆらぎは起こらなくなる．このとき，物質が完全結晶であれば，原子の配列は規則正しく，その配列の乱雑さも存在しない．すなわち，エントロピーは

0になる．Nernstはこれを一般化して，熱力学第三法則として「完全結晶状態のすべての純物質のエントロピーは，絶対温度0（$T=0$）において0である」と発表した．

したがって，ある温度Tにおける物質のエントロピーS_Tは，定圧条件で$T=0$からTまでの間に周囲から可逆的に得た熱を測定することにより算出することができる．すなわち，

$$S_T - S_0 = \int_0^T \frac{C_P}{T} dT \quad (S_0 = 絶対温度0でのエントロピー) \tag{7.21}$$

となる．ここで，$S_0 = 0$とおけるから，標準状態でのエントロピー（標準エントロピー）S_{298}°は絶対温度0のエントロピーを基準とした量である．さまざまな物質のS_{298}°が測定されており，いろいろな熱力学の状態量を求める際に利用することができる．

7.9 自由エネルギー

自然界の自発過程の方向性を予測するには，系のエントロピー変化を議論するだけでは不十分である．系の周囲の変化も含めた熱力学的宇宙（6.1参照）を考慮する必要がある．たとえば，簡単な化学反応を例にあげて説明してみよう．式(7.22)に示す二酸化炭素の生成反応を考えてみる．系の標準エントロピー変化ΔS_{sys}°は，負になる．

$$\begin{cases} CO(g) + \frac{1}{2} O_2(g) \longrightarrow CO_2(g) \\ \Delta S_{sys}^\circ = -86.50 \text{ J K}^{-1} \text{ mol}^{-1} (298 \text{ K}, 1 \text{ bar}) < 0 \end{cases} \tag{7.22}$$

しかしながら，実際には標準条件下でこの反応が自発的に右に進行することがよく知られている．つまり，系のエントロピー変化だけでは，すべての化学変化や熱力学的現象の自発的方向を判断するには不十分である．そこで，正確に自発変化の方向性を評価する情報が必要となる．そのためには，系と周囲のエントロピー変化ΔS_{surr}°を総合した全エントロピー変化ΔS_{univ}°を考慮しなければならない．したがって，CO酸化反応のΔS_{univ}°は，以下のように求められる．

$$\begin{aligned} \Delta S_{univ}^\circ &= \Delta S_{sys}^\circ + \Delta S_{surr}^\circ = \Delta S_{sys}^\circ + \frac{q_{surr}}{T} = \Delta S_{sys}^\circ + \frac{-\Delta H^\circ}{T} \\ &= -86.50 \text{ J K}^{-1} \text{ mol}^{-1} + \frac{-(-282.98 \times 10^3 \text{ J mol}^{-1})}{298.15 \text{ K}} \\ &= (-86.50 + 949.12) \text{ J K}^{-1} \text{ mol}^{-1} \\ &= 862.62 \text{ J K}^{-1} \text{ mol}^{-1} > 0 \end{aligned} \tag{7.23}$$

つまり，全エントロピーは正になり，自発的に起こりうる現象と判断できる．すなわち，

$$\begin{cases} \Delta S_{univ}^\circ > 0 の場合，自発変化はCO_2を生成する方向 \\ \Delta S_{univ}^\circ < 0 の場合，自発変化はCO_2生成と逆の方向 \end{cases}$$

と予測できる．

ΔS_{univ}° を用いて，自発変化の方向性を予測することができることがわかったが，ΔS_{univ}° はエネルギー量を温度で割った値なので，他の状態量と比較しにくい．そこで，以下のように式 (7.23) の ΔS_{univ}° に $-T$ を掛けた新しいエネルギー量を導入する．

$$-T\Delta S_{univ}^\circ = -T\Delta S_{sys}^\circ + \Delta H^\circ = \Delta H^\circ - T\Delta S_{sys}^\circ \tag{7.24}$$

$-T\Delta S_{univ} = \Delta G$ と置き換えて新しい状態量のギブズ自由エネルギー（Gibbs free energy）の変化を導入する．ギブズ自由エネルギー（ギブズ関数（Gibbs function）とも呼ばれる）は，

$$G \equiv H - TS \tag{7.25}$$

と定義され，この微小変化量は，

$$\Delta G = \Delta H - T\Delta S \tag{7.26}$$

と表される．

また，ドイツの Helmholtz は，T と V を変数として含むヘルムホルツ自由エネルギー（Helmholtz free energy）を提唱した．これは，以下のように定義される．

$$A \equiv U - TS \tag{7.27}$$

7.10 標準生成自由エネルギー

6.8 で，標準状態での化学反応の出発物質が単体であるような化学反応の反応エンタルピーは，特に標準生成エンタルピー ΔH_f° と呼んだ．これに伴う自由エネルギーは，標準生成自由エネルギー（standard free energy of formation）と呼び，ΔG_f° で表される．

例題 酸化アルミニウムの標準生成自由エネルギー ΔG_f° を求めてみよう．次式で示される化学反応の各成分の標準生成エンタルピー ΔH_f° と標準エントロピー S° を用いて計算せよ．Al(s), O_2(g), Al_2O_3(s, α) の S° はそれぞれ 28.33, 205.14, 50.92 J K^{-1} mol^{-1}, Al_2O_3(s) の ΔH_f° は -1675.7 kJ mol^{-1} である．

$$2Al(s) + \frac{3}{2}O_2(g) \longrightarrow Al_2O_3(s, \alpha)$$

解答 まず，ΔS° を求めてみよう．

	2Al(s)	$\frac{3}{2}O_2$(g)	$\longrightarrow Al_2O_3$(s, α)	
ΔH_f°/kJ	0	0	-1675.7	$\Delta H_f^\circ = -1675.70$ kJ
S°/J K^{-1}	28.33×2	205.14×$\frac{3}{2}$	50.92	$\Delta S^\circ = -313.45$ J K^{-1}

よって，

$$\Delta G_f^\circ = -1675.70 \text{ kJ} - 298.15 \text{ K} \times (-313.45 \text{ J K}^{-1}) \times 10^{-3} \text{ kJ}$$
$$= (-1675.70 + 93.46)\text{kJ} = -1582.24 \text{ kJ}$$

となる．したがって，この反応は標準状態では自発的に進行すると判断できる．実際に，アルミニウムは空気に触れると容易に酸化被膜を形成する．

7.11 自由エネルギーと平衡定数

化学反応の平衡定数と自由エネルギー $\triangle G$ との関係を考えてみよう．今，各成分 A，B，C，D が気体状態である化学反応の一般式を下記のように示す．n_A，n_B，n_C，n_D は，各成分の物質量である．

$$n_A A(g) + n_B B(g) \longrightarrow n_C C(g) + n_D D(g) \tag{7.28}$$

平衡定数は，各成分の分圧で示すことができるので，自由エネルギーと圧力の関係式を導いてみよう．第一法則を示す式（6.4）および（6.7）と（7.2）より，

$$\triangle U = q + w = T\triangle S - P\triangle V \tag{7.29}$$

すなわち，式（7.29）を微分の式で表すと，

$$dU = q + w = TdS - PdV \tag{7.30}$$

$H = U + PV$（式（6.9））であるので，これを微分すると，

$$dH = dU + PdV + VdP \tag{7.31}$$

式（7.31）に式（7.30）を代入すると，

$$dH = TdS - PdV + PdV + VdP = TdS + VdP \tag{7.32}$$

また，$G = H - TS$（式（7.25））であるので，これを微分すると，

$$dG = dH - TdS - SdT \tag{7.33}$$

これに式（7.32）を代入すると，

$$dG = VdP - SdT \tag{7.34}$$

の関係が得られる．温度一定では式（7.32）より下記のようになり，圧力との関係が求まる．

$$dG = VdP \quad (\text{温度一定}) \tag{7.35}$$

そこで，温度一定で，ある気体の圧力が P_1 から P_2 まで変化するときの $\triangle G$ をみよう．

$$\triangle G = \int VdP = nRT \int_{P_1}^{P_2} \frac{1}{P} dP = nRT \ln \frac{P_2}{P_1} \tag{7.36}$$

上式のように表される．したがって，平衡状態での化学式（7.28）に存在する 4 種類の気体 A，B，C，D の分圧をそれぞれ P_A，P_B，P_C，P_D とすると，全圧 P，温度 T 一定で，X 成分の分圧を P_X とするときの自由エネルギー G_X は，式（7.37）で表される．ただし，$G_X°$ は標準圧力 P_0 における X の標準自由エネルギーで，このとき，$P_0 = 1\text{bar}$ である．

$$G_X - G_X° = n_X RT \int_{P_0}^{P_X} \frac{1}{P} dP = n_X RT \ln \frac{P_X}{P_0} = n_X RT \ln P_X \tag{7.37}$$

同様に，A，B，C，D 各成分の自由エネルギーはそれぞれ，

$$G_A = G_A° + n_A RT \int_{P°}^{P_A} \frac{1}{P} dP = G_A° + n_A RT \ln P_A \tag{7.38}$$

$$G_B = G_B° + n_B RT \int_{P°}^{P_B} \frac{1}{P} dP = G_B° + n_B RT \ln P_B \tag{7.39}$$

7.11 自由エネルギーと平衡定数

$$G_C = G_C° + n_C RT \int_{P°}^{P_C} \frac{1}{P} dP = G_C° + n_C RT \ln P_C \tag{7.40}$$

$$G_D = G_D° + n_D RT \int_{P°}^{P_D} \frac{1}{P} dP = G_D° + n_D RT \ln P_D \tag{7.41}$$

と表される．この反応の自由エネルギー変化 ΔG は，式 (7.42) になる．

$$\begin{aligned}\Delta G &= G_P - G_R = G_C + G_D - G_A - G_B \\ &= G_C° + G_D° - G_A° - G_B° + RT \ln \frac{(P_C)^{n_C}(P_D)^{n_D}}{(P_A)^{n_A}(P_B)^{n_B}} \\ &= \Delta G° + RT \ln \frac{(P_C)^{n_C}(P_D)^{n_D}}{(P_A)^{n_A}(P_B)^{n_B}}\end{aligned} \tag{7.42}$$

ここで，G_P は全生成物の自由エネルギー，G_R は全反応物の自由エネルギーである．

平衡状態では $\Delta G = 0$ だから，式 (7.42) は以下のようにおける．

$$\Delta G° = -RT \ln \frac{(P_C)^{n_C}(P_D)^{n_D}}{(P_A)^{n_A}(P_B)^{n_B}} \tag{7.43}$$

ここで，平衡定数 K_P は，各分圧を用いて以下のように表される．

$$K_P = \frac{(P_C)^{n_C}(P_D)^{n_D}}{(P_A)^{n_A}(P_B)^{n_B}} \tag{7.44}$$

これを式 (7.43) に代入すると，

$$\Delta G° = -RT \ln K_P \tag{7.45}$$

の関係式が得られる．したがって，反応の平衡定数から自由エネルギーを求めることが可能になる．

練習問題

7.1 7.3 の条件を用いて理想気体を用いて可逆的カルノーサイクルを 1 サイクル行ったときの全エントロピー変化 ΔS を求める式を導け．

7.2 高熱源と低熱源をそれぞれ 500，150℃ とするときの可逆的カルノーエンジンの最大熱効率 η を求めよ．

7.3 1.00 mol の水が −10.0℃ の氷から 110.0℃ の蒸気に変化するときの全 ΔS を計算せよ．ただし，氷，水，水蒸気の C_{mP} はそれぞれ 41.6，75.2，33.6 J K^{-1} mol^{-1} であり，融解エンタルピーと蒸発エンタルピーはそれぞれ 6.00，40.7 kJ mol^{-1} とする．

7.4 1.00 dm^3 の容器 2 つを連結して，間に活栓を取りつけて遮断した．その後，一方の容器は 1.00 mol の理想気体を入れ，他方は真空にした．はじめ 273 K で間の活栓を開いて，理想気体を真空容器中に放出した．このときの自由膨張に伴う ΔS を求めよ．

7.5 25.0℃，1 bar でエタノール（液体）の標準エントロピー $S°(l)$ は 160.7 J K^{-1} mol^{-1} である．この条件でのエタノールの蒸気圧を 8.00×10^{-2} bar，蒸発エンタルピー $\Delta H°$ を 38.6 kJ mol^{-1} として，エタノール蒸気の標準エントロピー $S°(g)$/J K^{-1} mol^{-1}（25.0℃，1 bar）を求めよ．ただし，メタノール蒸気は理想気体として考え，25.0℃ で，1.00〜0.08 bar の範囲で液体メタノールの体積変化は無視してよい．

7.6 1.00 mol の水が -10.0 ℃, 1 bar で凝固するときの ΔS を求めよ. ただし, 水および氷のモル定圧熱容量はそれぞれ 75.3, 36.9 J K^{-1}mol^{-1} とする. ただし, -10.0〜0℃ の間で変わらないものとする. また, 氷の融解エンタルピーは 6.00 kJ mol^{-1} とする.

7.7 容積 5.00 dm^3 の容器 2 つを連結し, 連結部の栓を閉じて, 各容器にアルゴン 40.0 g と窒素 28.0 g を入れた. 300 K で連結部の栓を開けて混合した. この気体混合に伴う ΔS はいくらか. ただし, 連結部の容積は無視せよ.

7.8 25℃, 1 bar における過酸化水素の分解反応の $\Delta G°$ を求めて, その分解反応の平衡定数 K_P を計算せよ. ただし, 過酸化水素および水の標準生成自由エネルギー $\Delta G_f°$ はそれぞれ -233.1, -228.6 kJ mol^{-1} とする.

8. 相　平　衡

　液体の水は冷却すると凝固して，固体の氷となる．一方，加熱すると水の温度は上昇し，そのうち沸騰し始めて水蒸気が発生する．このように，物質が固体から液体，液体から気体へとその形態を変えていくことを相転移といい，身のまわりでよく目にする現象である．雨が降り，氷が張り，洗濯物が乾くのも，この水の相転移の現象である．そこには，日常見慣れていて単純そうにみえる現象であっても，多くの法則が存在することが想像される．本章では，日ごろ身のまわりで見かける，相の平衡と転移について考える．相平衡についての理解が深まれば，季節の移ろいの中にも相平衡の現象を見出し，興味深いものがあるはずである．

8.1　相　転　移

a．物質の三態

　物質は通常，気体，液体，固体の3つのうちのどれかの状態をとる．

　気体とは，構成する原子や分子がそれぞれ自由に動いている状態である．互いの間にはごくわずかの力しか働かず，ほとんど引き合うことはない．それぞれの原子，分子の間には大きな隙間があり，圧縮することができる．

　液体とは，液体を構成している分子やイオンなどの化学種の位置が定まらず絶えず動いている状態である．気体と違って，互いの間に凝集力という引っ張り合う力がかかっていて隙間がない状態であり，したがって圧縮できない．

　固体とは，さらに強い凝集力で化学種の位置が互いに固定されており，自由に動けない状態である．化学種が一定の規則に基づいて周期的に配列している場合を結晶構造をもつといい，規則性をもたずにランダムに配列しているものをアモルファスという．

　ある物質のどの部分をとってみても同じ物理的・化学的性質をもつ場合，この全体を1つの相（phase）であるという．系がただ1つの相からなる場合を均一系，2相以上からなる場合を多相系または不均一系という．気体，液体，固体の状態を，それぞれ気相，液相，固相という．異種の気体は任意の割合で均一に混合するので，気相は常に1相である．液体の場合，2種の液体が互いに完全に溶解すれば1相であり，不溶であれば2相に分かれる．固体の場合，2種の固体をどんなに細かく砕いて混ぜ合わせてもそれは2相からなる不均一系である．また，同一の物質であっても，結晶構造が異なっていれば異なる相と見なされる．

b．相　転　移

　物質は通常，熱力学的に最も安定な相にある．このときの相は物質に与えられ

た条件（圧力や温度，組成など）のもとで，自由エネルギー G が最小の状態にある．

物質が条件の変化に伴って，ある相から別の相へ変化する現象を相転移（phase transition）という．条件の変化により，もとの相1より新しい相2の自由エネルギーが小さくなると相転移が起こる．それぞれの相の自由エネルギーを G_1, G_2 とすると，

$$\Delta G = G_2 - G_1 < 0 \tag{8.1}$$

であれば，系は新しい相2へ移行しようとして，相転移が起こる．

$$\Delta G = G_2 - G_1 > 0 \tag{8.2}$$

のときには，新しい相2は不安定であり，系はもとの相1へ戻ろうとして，相2は消滅する．

ΔG の正負は変化の方向を表しているのであって，変化の速度を表すものではない．熱力学的には不安定な相であっても，相転移の速度がきわめて遅いため，外見上は不安定な相のままとどまっているようにみえることもある．固体を高温状態から急冷すると，結晶構造の異なる安定な相に相転移できないまま，不安定な相が残されてしまうことがあるのはその例である．

相転移には，次のようなものがある．

① 蒸発（evaporation）： 液相から気相への相転移である．液体分子の一部は互いの引力を振り切って気相へ逃げ出すことができる．この逃げ出した分子の及ぼす圧力が，その温度における液体の蒸気圧（vapor pressure）である．液体内部でも激しく蒸発が起こって気体の泡が発生する現象が，沸騰（boiling）である．沸騰が起こるのは蒸気圧が外部の圧力と等しくなったときであり，沸騰の起こる温度をその圧力での沸点（boiling point）という．蒸発の逆の気相から液相への相転移が，凝縮（condensation）である．凝縮の起こる温度を凝縮点（coudensation point）といい，同じ圧力では沸点と等しい．

② 融解（melting）： 固相から液相への相転移である．固体を構成する化学種はそれぞれの位置に固定されており，その位置から動くことはない．しかし化学種の運動が激しくなって互いにその位置を変えて自由に動くようになると，固体ではなく液体の状態になり，融解したという．融解の起こる温度を，融点（melting point）という．融解の逆の液相から固相への相転移が，凝固（solidification）である．凝固の起こる温度を凝固点（freezing point）といい，同じ圧力では融点と等しい．

③ 昇華（sublimation）： 固相から液相の段階を経ずに直接気相になる相転移，あるいはその逆の気相から固相への直接の相転移である．固相の二酸化炭素であるドライアイスは，直接昇華して気体の炭酸ガスになる．

④ その他： 固体の場合，条件の変化により結晶構造が変化して異なる相になる固体内の相転移が起こる．同じ固相のままであるが，これも相転移である．

8.2 平衡

　互いに接している2つの相において，ある相がもう一つの相へ移る速度と，その逆方向に戻る速度が等しくて，見かけ上，何の変化もないようにみえる状態を，平衡（equilibrium）にあるという．たとえば，0℃で液体の水に固体の氷が浮かんでいる状態である．個々の水分子でみると，氷の結晶から離脱して液体の水になる分子と，その逆の分子とがあり，絶えず変化が起こっている．しかし全体としては，氷が融解して水になる速度と，逆方向の水が凝固する速度とが等しくて，見かけ上は氷と水との量が変化していない状態である．

　これは2つの相のそれぞれの自由エネルギーが等しくて，2つの相が共存している状態である．すなわち，平衡とは，

$$\Delta G = G_2 - G_1 = 0 \tag{8.3}$$

の状態である．

　2つの相が平衡にある温度を転移温度（transition temperature）という．たとえば氷を加熱すると，大気圧のもとでは0℃で融解して液体の水になる．このとき0℃では氷と液体の水とが平衡状態にあり，この温度を転移温度という．この温度より高い温度では氷が水へと相転移を起こし，低い温度では水が氷へと相転移を起こす．

8.3 状態図

　それぞれの相には熱力学的に最も安定であるための条件（温度，圧力，組成など）が存在し，条件が変化するとより安定な相へと相転移が起こる．ある相が熱力学的に最も安定である条件の領域を示す図を，状態図（phase diagram）という．各相はその領域内の条件では最も小さい自由エネルギーをもっている．また，各領域の境界を相境界といい，ここでは2相が平衡状態にある．

a．1成分系の状態図

　1成分系では変化する条件は通常，圧力と温度の2つであるので，状態図は圧力と温度を変数とする2次元の図となる．例として，常温付近での水の状態図を，図8.1に示す．縦軸は圧力，横軸は温度を表している．液相と気相の相境界を表す曲線が蒸気圧曲線であり，液体の水と平衡にある水蒸気の蒸気圧を表している．大気圧でのこの曲線の示す温度が水の通常沸点であり，100℃に等しい．固相と気相の相境界を表す曲線が昇華曲線であり，この境界では氷が直接水蒸気になる．固相と液相の相境界を表す曲線が融解温度曲線である．大気圧でのこの曲線の示す温度が氷の通常融点であり，液体の水の凝固点に等しく，0℃である．この曲線は完全に垂直ではないが垂直に近く，わずかな圧力変化では融点はほとんど変化しないことを示している．

　蒸気圧曲線，昇華曲線，融解温度曲線が1点で交わる点では氷と液体の水と水蒸気の3つの相が平衡状態で共存することができる．この点を三重点（triple

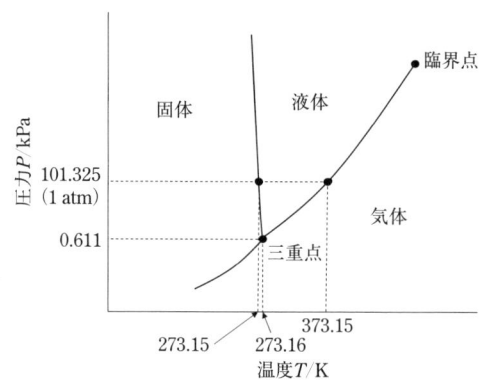

図 8.1 常温付近での水の状態図の模式図

point) といい，水の三重点（611 Pa（0.006 atm），273.16 K）は，表 1.2 で示したように絶対温度の定義に用いられている．蒸気圧曲線は，無限に伸びているのではなく，終点がある．この点を臨界点といい，この温度を臨界温度という．この温度と圧力以上では，気体はあまりに強く圧縮されているので隙間がなく，液体はあまりに激しく運動しているので，もはや蒸気と液体との区別がつかなくなっている．

b．混合物の状態図

2 つの物質が混合している 2 成分系の場合，変化する条件が温度，圧力，組成と 3 つあるので，3 次元の図となる．どれかの条件を一定として，組成-圧力図，組成-温度図などとして表される．混合物の状態図の例として，液体-固体での状態図を，圧力一定のもとで温度対組成について考える．

このとき組成は通常モル分率（mole fraction）x で表す．A と B の 2 成分系でのモル分率は，次のように定義される．

$$\begin{cases} x_A = \dfrac{A \text{ の物質量}}{\text{全物質量}} = \dfrac{n_A}{n_A + n_B} \\ x_B = \dfrac{B \text{ の物質量}}{\text{全物質量}} = \dfrac{n_B}{n_A + n_B} \end{cases} \quad (8.4)$$

x_A は比率を表すので，0～1 の間の次元をもたない数であり，$x_A + x_B = 1$ となる．

液体では完全に混ざり合う物質の状態図の例を，図 8.2 に示す．縦軸は温度を表している．横軸は成分 A のモル分率を示しており，左端の縦軸が $x_A = 0$ で成分 B のみ，右端の縦軸が $x_A = 1$ で成分 A のみの場合を表す．図の a 点および b 点での温度は，純成分 A および純成分 B の融点である．組成が $x_A(c)$ で温度が T_1 である点 c_1 を考える．このとき試料はすべて均一な液体である．この試料を冷却すると，溶液の状態は点 c_1 から真下に引いた直線上を移動する．点 c_2 以下ではもはや試料全体が液体で存在することはできなくなり，純粋の固体 A が析出し始める．この点は，点 c_2 の温度 T_2 での，液体 B への A の溶解度を表す．

さらに低い温度 T_3 では，試料は固体 A と点 d の組成をもった液体とからなっ

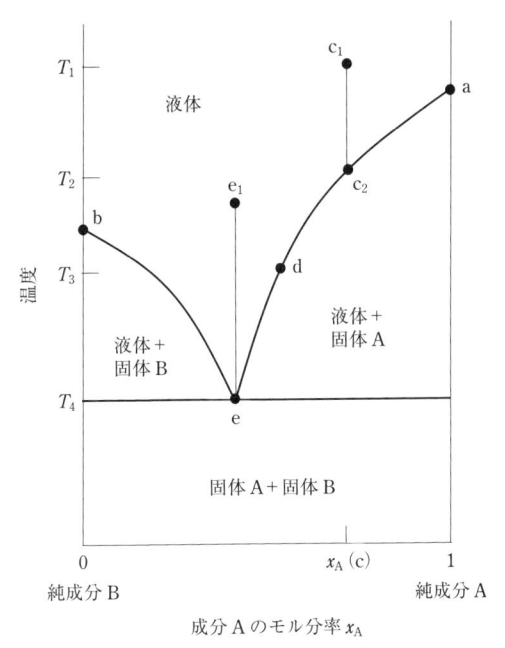

図 8.2 液体では完全に混ざり合う，2 成分からなる系の固体液体状態図の例

ている．この混合物をさらに冷やしていけば固体 A がさらに析出し，残りの溶液の組成はさらに成分 B に富むことになる．溶液の組成は点 c_2 と点 e を結ぶ線に沿って変化し，最終的に点 e の組成になる．そして温度 T_4 では残りの液体すべてが凝固する．

点 e に相当する組成は特異なものである．T_4 より高い温度をもった点 e_1 では混合物全体が液体である．これを冷やしても点 e までは液体のままで変化がみられない．温度 T_4 でこの液体は固体 A と固体 B の混じり合った形で凝固する．固体 A, B のどちらか一方だけが析出する段階はない．つまり溶液全体が純物質のようにある温度で一度に凝固し，この温度はどちらの純成分の凝固する温度よりも低い．このような挙動を示す混合物を，共融混合物（eutectic）という．

c．液体-蒸気の状態図

① ラウールの法則と理想溶液： 2 つの成分が混合した溶液と平衡状態にある蒸気の系を考える．それぞれの成分単独での蒸気圧が異なるとき，このような液体-蒸気での系の蒸気圧については，「混合物に含まれているある成分の蒸気圧は，純物質の蒸気圧に混合物中のその成分のモル分率を掛けたものに等しい」という，ラウールの法則（Raoul's law）が成り立つ．

実際には全組成域にわたってラウールの法則に厳密に従うような溶液は存在しない．全組成域にわたってラウールの法則に従うと仮想した溶液を理想溶液（ideal solution）という．

② 液体-蒸気の状態図： 2 成分系での液体-蒸気の状態図は，図 8.3 のような

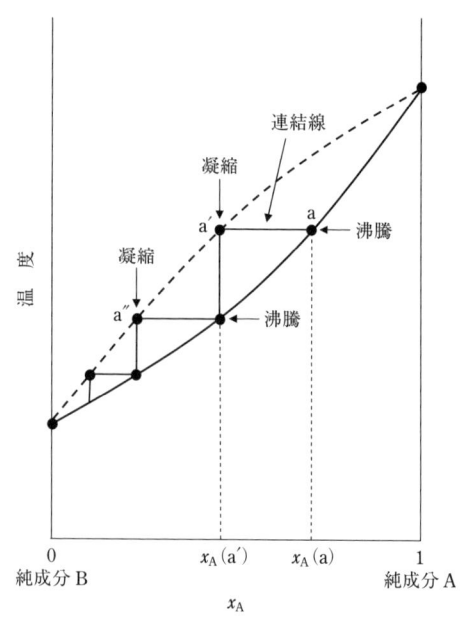

図 8.3 液体-蒸気の系の温度対組成の状態と蒸留の過程を示す図

沸騰温度対組成の図で表すことができる．この関係は図中の実線で表されている．試料はこの曲線以下の温度では液体状態が安定であり，これより高い温度では蒸気が安定となる．

　液体混合物と平衡にある蒸気中では揮発性の高い成分が多く含まれるので，蒸気の組成は液体と同じにならない．そこでこの状態図中に，ある温度での蒸気の組成を示すものを加えておくと便利である．これを同図中に破線で示す．点 a は，ある組成 $x_A(a)$ をもった混合物の沸点を表している．これに対して点 a′ は同じ温度で液体と平衡にある蒸気の組成 $x_A(a')$ を示している．沸騰している液体の組成を示す点と，蒸気の組成を示す点を結ぶ直線のことを連結線という．

　混合物の溶液を加熱すると揮発性の高い成分が優先的に蒸発する．はじめの組成が点 a である混合物を沸騰するまで加熱すると，蒸気の組成は連結線の左端の点 a′ となり，成分 B に富んでいる．この蒸気を取り出して温度を下げて凝縮させると，混合物溶液組成も $x_A(a)$ なので，もとの混合物よりも成分 B に富むことになる．このようにある成分比の混合溶液を沸騰させた後，その蒸気を凝縮させると，もとの溶液と成分比が異なってくる．これを用いて 2 つの成分を分離するのが蒸留（distillation）の原理である．

　③ 理想溶液からのずれ：　ラウールの法則から予想される蒸気圧を示す混合物はあまりない．同法則の予想値よりも高い蒸気圧をもつ混合物では，異なる分子の間で引き合う力が弱くなっていて，理想溶液よりも蒸発しやすくなり，沸点が低くなっている．さらにこのずれが非常に大きくなると沸騰温度曲線に極小が生じて，混合物が純成分の沸騰温度のどちらよりも低い温度で沸騰する．このような混合物は，極小沸点をもつ共沸混合物（azeotrope）を形成するという．共沸混

合物は蒸留しても共沸組成以上には混合物を濃縮することはできない．エタノールと水はこの種の共沸混合物を形成し，沸騰温度の極小は78.2℃で，そのときの組成はエタノールが重量パーセントで96.0%である．

8.4 相転移の熱力学的解析

a．水の相転移の熱力学

相転移は相の自由エネルギーが変化すると起こる．水の相転移を例に，自由エネルギー変化との関係を考える．液相の水を加熱すると，大気圧のもとでは100℃で沸騰して気相の水蒸気になり，冷却すると0℃で凝固して固相の氷になる．これらの変化は可逆的である．

液相では水分子は凝集力により互いに引っ張り合いながら運動している．一方，水蒸気は気相であり，水分子はそれぞれ独立に自由に運動している．液体の水を蒸発させて水蒸気にするには，水分子の凝集力を打ち破るためのエネルギーを熱の形で加えなければならない．これが蒸発エンタルピー ΔH_{vap} である．一方，水蒸気になると，水分子は空間を自由に動き回って無秩序さが増す．このときのエントロピーの増加が蒸発エントロピー ΔS_{vap} である．

蒸発の際の自由エネルギー変化 ΔG_{vap} は，

$$\Delta G_{vap} = \Delta H_{vap} - T\Delta S_{vap} \tag{8.5}$$

となり，ΔH_{vap} と ΔS_{vap} の大小関係によって ΔG_{vap} の正負が決まり，水が蒸発するか，水蒸気が凝縮するかが決まる．式(8.5)の右辺第2項には絶対温度 T が含まれているので，この項は低温ほどその値が小さくなる．蒸発エンタルピー，蒸発エントロピーとも正の値をとるから，低温では ΔH_{vap} の項が $T\Delta S_{vap}$ より大きく，ΔG_{vap} は正となって水蒸気が凝縮する．高温では逆に $T\Delta S_{vap}$ の項が大きくなるので ΔG_{vap} は負となり，水が蒸発する．

平衡状態では $\Delta G_{vap}=0$ であり，

$$\Delta H_{vap} = T_b \Delta S_{vap} \tag{8.6}$$

となる．このときの温度 T_b が相転移温度である．これは水の沸点に等しく，標準状態では100℃である．この温度では蒸発エンタルピーが自由エネルギーに与える寄与と，蒸発エントロピーが与える寄与とが釣り合っている．したがって沸点では，ΔS_{vap} は ΔH_{vap} と次の関係にある．

$$\Delta S_{vap} = \frac{\Delta H_{vap}}{T_b} \tag{8.7}$$

b．トルートンの規則

蒸発は密な凝縮相である液相から，広く分散した気相への変化であり，このとき液体でも気体でも占める体積は物質によってあまり変わらないので，無秩序さの増加の程度もあまり変わらない．したがって，沸点における蒸発に伴うエントロピー変化 $\Delta H_{vap}/T_b$ はすべての液体についてほぼ同じと考えることができる．この経験則をトルートンの規則（Trouton's rule）と呼び，実際に観察される

表 8.1 標準沸点における蒸発エントロピー ΔS_{vap}

物質	ΔS_{vap}/J K^{-1} mol^{-1}
メタン	+73.2
臭素	+88.6
ベンゼン	+87.2
四塩化炭素	+85.9
シクロヘキサン	+85.1
硫化水素	+87.9
アンモニア	+97.4
水	+109.1

$\Delta H_{vap}/T_b$ は多くの液体についてほぼ同じ値となる．代表的な物質の蒸発エントロピーを表 8.1 に示す．2～3 の例外を除いてほぼ同じ値となっている．

c．クラペイロン-クラウジウスの式

図 8.1 の状態図に出てきた蒸気圧曲線について，熱力学的に解析してみよう．蒸気圧の温度による変化 dP/dT を求める．相 1 と相 2 の 2 相が平衡を保ったまま，P と T の両方が $T \to T+dT$，$P \to P+dP$ と微少量変化したとする．これに伴って相 1，相 2 の自由エネルギーも $G_1 \to G_1+dG_1$，$G_2 \to G_2+dG_2$ と変化する．どちらも平衡状態にあるから $G_1 = G_2$，$G_1+dG_1 = G_2+dG_2$ であり，

$$dG_1 = dG_2 \tag{8.8}$$

また，自由エネルギー $G = H - TS = U + PV - TS$ なので，G の全微分をつくると，

$$dG = dU + PdV + VdP - TdS - SdT \tag{8.9}$$

となり，仕事は PdV のみの場合を考えると，$\Delta U = q + w$ で，$dw = -PdV$ であるから，

$$dU = dq + dw = dq - PdV \tag{8.10}$$

$$dq = dU + PdV \tag{8.11}$$

となる．また，エントロピー変化の定義 $dq = Tds$ より，

$$dq = dU + PdV = TdS \tag{8.12}$$

式 (8.12) を式 (8.9) に代入して整理すると，

$$dG = VdP - SdT \tag{8.13}$$

となる．相 1，相 2 については，

$$\begin{cases} dG_1 = V_1 dP - S_1 dT \\ dG_2 = V_2 dP - S_2 dT \end{cases} \tag{8.14}$$

であるので，

$$V_1 dP - S_1 dT = V_2 dP - S_2 dT \tag{8.15}$$

$$\frac{dP}{dT} = \frac{S_2 - S_1}{V_2 - V_1} = \frac{\Delta S}{\Delta V} \tag{8.16}$$

ここで，ΔV はこの物質 1 mol あたりの相 1 と相 2 における体積変化である．一定温度では $\Delta H = T\Delta S$ なので，

$$\frac{dP}{dT} = \frac{\Delta H}{T \Delta V} \tag{8.17}$$

この式をクラペイロンの式（Clapeyron equation）という．

相2が気相で相1が液相または固相の凝縮相の場合，凝縮相の体積はほぼ無視してもよい．また，気相が理想気体として振る舞うと仮定すれば，$\Delta V \cong RT/P$となり，

$$\frac{dP}{dT} = \frac{P \Delta H}{RT^2} \tag{8.18}$$

この式をクラペイロン-クラウジウスの式（Clapeyron-Clausius equation）といい，蒸気圧の温度による変化を示す式である．

8.5 化学ポテンシャル

ある物質が存在することによって，それが含まれる系の中のある物理量に対して影響を与えるとき，これを部分モル量（partial molar property）という．温度や圧力の影響とは別に，存在そのものが示す寄与のことである．たとえば部分モル体積は，試料全体の体積のうち，ある成分が占めていると考えられる体積のことである．純物質ならば1 mol あたりの体積は決まった値であるが，混合物中では同じ1 mol でも混合物によってその占める体積は異なってくる．

部分モル量の中でも重要なものが部分モル自由エネルギー（partial molar free energy）である．これは混合物の各成分が系の全自由エネルギーに対してもつ寄与を表したものであり，化学ポテンシャル（chemical potential）ともいわれ，μの記号で表される．

$$G = x_A G_A + x_B G_B = x_A \mu_A + x_B \mu_B \tag{8.19}$$

化学ポテンシャルは，その物質が存在することにより系に与える物理的・化学的変化を引き起こす能力を表す．次に述べる束一的性質は，化学ポテンシャルの違いによって起こる．たとえば，濃度が異なる溶液は，溶質が与える化学ポテンシャルが異なっているので，溶液全体の自由エネルギーに差を生じる．この差は2つの溶液間に，次節で述べる浸透圧や，濃淡電池の起電力という能力を与え，この差を仕事として外部に取り出すことができる．

8.6 束一的性質

a．束一的性質と化学ポテンシャル

溶液の示す性質の中には存在する溶質粒子の数に依存するが，その粒子の種類には依存しないものがある．このような性質を束一的性質（colligative property）という．濃度が一定の非電解質水溶液は，溶質が何であっても同じ沸点や凝固点を示す．

これらは化学ポテンシャルの違いによって生じる．純粋の溶媒に溶質を加える

表 8.2 沸点上昇定数 K_b および凝固点降下定数 K_f

溶媒	K_b/K kg mol^{-1}	K_f/K kg mol^{-1}
酢酸	3.07	3.90
ベンゼン	2.53	5.12
二硫化炭素	2.37	3.76
四塩化炭素	4.95	29.8
フェノール	3.04	7.27
水	0.51	1.86

と無秩序さが増すのでエントロピーが増大する．すると溶液の自由エネルギーが減少することになり，溶液全体の化学ポテンシャルは減少する．溶質は溶媒の化学ポテンシャルを下げたことになる．混合によって化学ポテンシャルは減少し，化学的な活性度が低下しているので，変化を起こすためにはより大きな推進力が必要になる．このとき，溶媒の蒸気の化学ポテンシャルには影響がないが，蒸発しやすさが衰えているので，沸騰を起こすには温度を上げる必要があり，沸点の上昇が起こる．この化学ポテンシャルの減少が束一的性質を与える原動力である．

束一的性質の程度は化学ポテンシャルの減少の程度によるので，部分モル量に比例する．これから述べる束一的性質がすべて溶液中に存在する溶質の物質量に比例するのは，その程度が部分モル量に比例するからである．

b．沸点上昇

溶質が溶け込んだ溶液は化学ポテンシャルが減少するので，その沸点は純粋の溶媒が示す沸点より高くなる．これを沸点上昇（elevation of boiling point）といい，その大きさは溶質の重量モル濃度 m_B に比例して，

$$\Delta T_b = K_b m_B \tag{8.20}$$

という式で表される．ここで，K_b は溶媒の沸点上昇定数であり，この定数は溶媒に固有であって，溶質の種類によらない．

c．凝固点降下

同様に，溶質が溶け込んだ溶液の凝固点は，純粋の溶媒が示す凝固点より低くなる．これを凝固点降下（depression of freezing point）といい，その大きさはやはり溶質の重量モル濃度 m_B に比例して，

$$\Delta T_f = K_f m_B \tag{8.21}$$

と表される．ここで，K_f は溶媒の凝固点降下定数であり，やはり溶媒に固有で，溶質の種類によらない．いくつかの溶媒の沸点上昇定数と凝固点降下定数を表 8.2 に示す．

d．浸透圧

浸透（osmosis）は，溶質濃度の異なる溶液を半透膜（semipermeable membrane）で隔てたとき，濃度差を小さくしようと溶媒が濃度の低い側から高い側へと通り抜ける現象である．半透膜は，溶媒のみ通して溶質は通さないような膜である．浸透圧（osmotic pressure）Π は，このような溶媒の流れを食い止めるた

めに，溶液にかけるべき圧力である．浸透圧は溶液中に存在する溶質の物質量 n_B に比例し，次のファントホッフの浸透圧式（van't Hoff's osmotic pressure equation）で表される．

$$\Pi V = n_B RT \tag{8.22}$$

ここで，n_B/V が溶質のモル濃度［B］に等しいので，式（8.22）は，

$$\Pi = [B]RT \tag{8.23}$$

と表すことができる．

練習問題

8.1 ある冬の朝，冷え込んで一面に霜が降りていた．気温と大気中の水蒸気圧が次の場合，この霜はどうなるかを考えよ．
① 気温 −5℃，水蒸気圧 300 Pa
② 気温 −5℃，水蒸気圧 1 000 Pa
③ 気温 5℃，水蒸気圧 500 Pa
④ 気温 5℃，水蒸気圧 1 000 Pa

8.2 水 1.00 kg とエタノール 1.00 kg とを混ぜた場合，混合物溶液中の水とエタノールのモル分率を求めよ．

8.3 等重量の水とエタノールとを混ぜた溶液 1.00 kg を沸点 78〜79℃ で蒸留した．留出した液が 300 g になったときの，残された溶液中の水とエタノールのモル分率を求めよ．

8.4 酸素と塩素の蒸発エンタルピー ΔH_{vap} はそれぞれ 6.82 kJ mol^{-1}，20.4 kJ mol^{-1}，沸点は −183.0℃，−34.1℃ である．蒸発エントロピー ΔS_{vap} を求めよ．

8.5 表 8.1 に示す蒸発エントロピー ΔS_{vap} のうち，水の値は他と比べて大きい．その理由を説明せよ．

8.6 100 g のグルコースを水 1.00 kg に溶かした水溶液がある．
① 標準状態でのこの溶液の沸点上昇と凝固点降下を求めよ．
② この溶液を加熱して水分を蒸発させ，全体が 900 g になるまで濃縮した．沸点上昇と凝固点降下はいくらになっているか．

8.7 ショ糖 80 g を溶解して全体を 1 L とした水溶液がある．
① 20℃ でのこの溶液の浸透圧を求めよ．
② この溶液の温度を 40℃ とした．浸透圧はいくらになったか．

8.8 蒸発エンタルピー ΔH_{vap} が狭い温度範囲では一定であると近似して，クラペイロン-クラウジウスの式を積分し，温度と圧力の関係式を導け．$dx/x = d(\ln x)$ の関係を用いよ．

8.9 8.8 で得られた式を用いて，水の三重点付近の蒸気圧曲線を描け．273 K での水の蒸発エンタルピーは，45.05 kJ mol^{-1} である．

COLUMN

氷の上はなぜ滑る？

　　図 8.1 の水の状態図では，融解温度曲線は圧力を加えると融点が下がる方にわずかに傾いている．これは，圧力を加えると氷は融解しやすくなることを示している．氷の上

が滑りやすいのは,大きな圧力がかかると氷がわずかに融解して液体の水となり,これが滑りをよくする潤活剤の働きをするためである.スケート靴では刃の部分の圧力がより大きくなるため,氷が溶けやすくなり,より滑りやすくなる.融解温度曲線の傾きはごくわずかなので,あまりに低い温度では大きな圧力をかけても氷の領域にとどまったままになって,逆に氷の上でも滑らなくなる.

多くの物質では,この融解温度曲線は圧力をかけると融解温度が上がる方に傾いている.水の場合がむしろ例外的である.

9. 化学平衡

前章の相の平衡に続いて，ここでは化学反応における平衡の問題を取り上げる．相の変化ばかりでなく，化学変化も巨視的にみると，ある反応とその逆反応との釣り合いのもとに，全体としてある方向へ変化していく．ここでは化学反応について，「それはどのような方向へ変化しようとしているのか」ということを予測する法則について学ぶこととしよう．

9.1 化学平衡と平衡定数

a．化 学 平 衡

化学平衡（chemical equilibrium）とは，ある反応においてある変化とその逆方向の変化の速度が等しくて，見かけ上，物質が移動または変化していない状態のことである．これは相平衡と同じく何の変化も起こっていないのではなく，変化が釣り合っている状態である．反応に関与する化学種はある組成で釣り合っている，動的な平衡にある．

b．平 衡 定 数

平衡定数（equilibrium constant）は，平衡状態にある反応混合物の中の各成分の組成を表す定数である．次のようなすべての化学種が溶液中にある均一反応を考える．

$$aA + bB \rightleftharpoons cC + dD \tag{9.1}$$

反応速度はそれぞれの化学種の濃度 $[A]$，$[B]$，$[C]$，$[D]$ に依存するので，全体の速度はそれぞれの濃度の積に依存するであろう．そこで，この反応の平衡定数 K を次のように定義する．

$$K = \frac{[C]^c \cdot [D]^d}{[A]^a \cdot [B]^b} \tag{9.2}$$

分子には，右辺にある化学種の濃度をすべて掛け合わせ，分母には，左辺にある化学種の濃度をすべて掛け合わせる．係数がついている場合には，その係数の数の分だけ掛け合わせるので，濃度の係数乗になる．

気体の場合には濃度の代わりに気体 A の分圧 $P(A)$ をとる．固体の場合にはすべて 1 とする．

平衡定数の重要な点は，温度一定の条件下では平衡定数は常に一定に保たれるということである．反応系中のいずれかの化学種の濃度（分圧）が変化したときには，他の化学種の濃度が変化して，平衡定数そのものは同じ値に保たれる．

例題 1分子の窒素と3分子の水素から2分子のアンモニアが生成する反応の平衡定

数をそれぞれの分圧で表せ.

解答 窒素, 水素, アンモニアの間には次の化学平衡が成立している.

$$N_2 + 3H_2 \rightleftharpoons 2NH_3 \tag{9.3}$$

このときの平衡定数 K は, 気体の分圧を使って, 次のように表すことができる.

$$K = \frac{\{P(NH_3)\}^2}{P(N_2) \cdot \{P(H_2)\}^3} \tag{9.4}$$

9.2 ルシャトリエの法則を用いた平衡の移動の定性的取り扱い

反応系を取り巻く条件が変化して, 両方向の反応速度の釣り合いが崩れると, 平衡は新しく速度が釣り合う点に移動する. 平衡がどちらの方向に移動するかは, 定性的には「平衡の状態にある反応が, 圧力や温度, 反応に関係する物質の濃度などの変化を受けた場合, この変化をできる限り少なくする方向に平衡の移動が起こり, 組成が調整される」という, ルシャトリエの法則 (Le Chatelier's law) により予測することができる.

この法則を, 上の例題で述べた窒素, 水素, アンモニアの間の平衡を例にとって考えてみよう.

①圧力の変化の影響: 窒素と水素とからアンモニアが生成するときは気体全体の総物質量が減少し, アンモニアが分解するときには物質量が増加していく. 温度一定のまま圧力をかけると, 物質量を減らして圧力の増加を少なくする方向へと平衡が移動する. すなわち, アンモニアを生成するように平衡が移動し, 圧力が大きいほど平衡状態でのアンモニアの割合が多いことになる.

②濃度の変化の影響: 平衡が成立している一定体積の容器の中で, 温度を変えないでアンモニアの一部を取り除いてその分圧を小さくすると, アンモニアの分圧の減少を少なくする方向へと平衡が移動する. すなわち, アンモニアを生成する方向へと平衡が移動する.

③温度の変化の影響: 圧力を変化させないで平衡混合物の温度を高くすると, 温度の上昇を小さくする方向へと平衡が移動しようとする. アンモニアが生成する反応は発熱反応であり, 分解する反応は吸熱反応なので, 温度を上昇させると吸熱反応となるアンモニアの分解する方向へ平衡が移動する. したがって, 温度が高いほど平衡状態でのアンモニアの割合が小さいことになる.

これよりアンモニアを合成する際には, 圧力が高いほど, また温度が低いほど有利なことがわかる. しかし温度が低くなると, 第12章で述べるように反応速度が小さくなって, 平衡状態になるまでの時間が長くなってしまう. そのため実際には, 触媒を使用して反応速度を大きくしている. 触媒は反応速度を大きくするが, 平衡を移動させる働きはない. 平衡状態に達するまでの時間を短くするものである.

9.3 平衡定数を用いた平衡の移動の定量的取り扱い

ルシャトリエの法則では，系の条件を変化させたとき平衡がどちらの方向へ移動するかという定性的なことは予測できるが，どのくらい移動するかという定量的なことは予測できない．一方，平衡定数を用いると，どのくらい平衡が移動するかという定量的なことまで含めて予測することができる．このとき，温度一定の条件では平衡定数は常に一定に保たれるということが重要な点である．さらに平衡定数が温度によりどのように変わるかが予測できれば，温度変化による平衡定数の変化も考えることができる．

再びアンモニアの合成の場合を例にとって考えると，この平衡反応の平衡定数は，先に述べたように式 (9.4) で表すことができるので，この式をもとに条件の変化による影響を考えてみよう．

体積 V，温度 T の容器中で式 (9.4) のアンモニア生成の平衡が成り立っているとき，窒素，水素，アンモニアの物質量をそれぞれ a mol, b mol, c mol とすると，それぞれの気体が理想気体として振る舞うと近似して，その分圧は，

$$\begin{cases} P(\mathrm{N_2}) = \dfrac{aRT}{V} \\ P(\mathrm{H_2}) = \dfrac{bRT}{V} \\ P(\mathrm{NH_3}) = \dfrac{cRT}{V} \end{cases} \tag{9.5}$$

となり，平衡定数 K は次のように表すことができる．

$$K = \frac{\left(\dfrac{cRT}{V}\right)^2}{\left(\dfrac{aRT}{V}\right) \times \left(\dfrac{bRT}{V}\right)^3} = \frac{V^2}{R^2 T^2} \times \frac{c^2}{ab^3} \tag{9.6}$$

① 圧力の変化： 温度一定で容器の体積を減少させて，圧力を大きくしたとする．V が減少するのであるから，式 (9.6) において K を一定に保つためには，c^2/ab^3 の項が大きくならなければならない．これは分母にある窒素と水素の物質量が減少して，分子にあるアンモニアの物質量が増大することを示している．

② 濃度の変化： 温度，体積一定で，アンモニアを取り除いて c を減少させると，c^2/ab^3 の項の分子が小さくなる．平衡定数を一定に保つためには ab^3 の項も小さくならなければならず，これは窒素と水素の一部がアンモニアに変化することを示している．

③ 温度の変化： 温度が変化すると平衡定数が変化する．このとき一般的には 9.5 で述べるように，温度上昇とともに吸熱反応では平衡定数が大きくなり，発熱反応では小さくなる．アンモニアの生成の例で考えると，この反応は発熱反応である．平衡定数を小さくするためには c^2/ab^3 の項も小さくならなければならないので，温度が高くなると c が減少して，ab^3 が増大し，アンモニアが分解することになる．

9.4　平衡定数と自由エネルギーとの関係

　反応が平衡に達したときの反応物や生成物の量が，標準自由エネルギーとどのような関係にあるかを考えてみる．

　8.4で自由エネルギーの微分 dG を考えた．仕事が体積変化だけでなされる状態では，式 (8.13) で示したと同じく dG は，

$$dG = VdP - SdT \tag{9.7}$$

である．一定温度では $dT = 0$ であるから，

$$dG = VdP \tag{9.8}$$

理想気体として扱うと，

$$dG = \frac{nRT}{P}dP \tag{9.9}$$

この式を標準状態の圧力 $P°$ から任意の状態の圧力 P まで積分する．これは標準状態の自由エネルギー $G°$ から，ある任意の状態の自由エネルギー G まで積分することになる．

$$\int_{G°}^{G} dG = \int_{P°}^{P} \frac{nRT}{P}dP \tag{9.10}$$

これを解くと，自由エネルギーは次のようになる．

$$G = G° + nRT \ln \frac{P}{P°} \tag{9.11}$$

　一般的な反応

$$aA + bB \rightleftharpoons cC + dD \tag{9.1}$$

の平衡定数で考えると，反応前後の 1 mol あたりの自由エネルギーの差 ΔG は，

$$\Delta G = \Delta G° + RT \ln K \tag{9.12}$$

と表すことができる．

　反応が平衡に達した場合，$\Delta G = 0$ であるから，

$$\Delta G° = -RT \ln K \tag{9.13}$$

この式は標準自由エネルギー変化と平衡定数の関係を定量的に表す重要な式であり，第7章で学んだ $\Delta G°$ などの熱力学データから反応の平衡定数を計算することができる．

9.5　平衡定数の温度による変化

　平衡定数は温度により変化する．どの程度変わるかを知るには，式 (9.13) から $\Delta G°$ の温度変化を考えればよい．

$$\Delta G° = \Delta H° - T\Delta S° \tag{9.14}$$

であるから，ある温度 T では，

$$\ln K = -\frac{\Delta G°}{RT} = -\frac{\Delta H°}{RT} + \frac{\Delta S°}{R} \tag{9.15}$$

別の温度 T' では平衡定数 K' は,

$$\ln K' = -\frac{\Delta G°}{RT'} = -\frac{\Delta H°}{RT'} + \frac{\Delta S°}{R} \tag{9.16}$$

両者の差をとって,

$$\ln K - \ln K' = \ln \frac{K}{K'} = -\frac{\Delta H°}{R}\left(\frac{1}{T} - \frac{1}{T'}\right) \tag{9.17}$$

となる.この式はファントホッフの式 (van't Hoff equation) と呼ばれるものである.

T' が T より大きい場合,$1/T - 1/T'$ は正である.$\Delta H°$ が正の場合,すなわち吸熱反応では $\ln(K/K')$ は負となるので,$K < K'$ となる.$\Delta H°$ が負の場合も同様に考えることができ,これより吸熱反応の平衡定数は温度とともに増加し,発熱反応の平衡定数は温度とともに減少するということが導かれる.

練習問題

9.1 水溶液中での次の沈殿を生じる反応の平衡定数を,それぞれの濃度を用いて表せ.
① $Ag^+ + Cl^- \rightleftharpoons AgCl$
② $Al^{3+} + 3OH^- \rightleftharpoons Al(OH)_3$

9.2 次のエステルの加水分解の平衡定数を,それぞれの濃度を用いて表せ.
$CH_3COOC_2H_5 + H_2O \rightleftharpoons CH_3COOH + C_2H_5OH$

9.3 二酸化硫黄と酸素から三酸化硫黄が生じる気相反応が,ある温度で容器内で平衡状態にある.ここへ,次のようなことをしたとき,三酸化硫黄の分圧は増えるか減るかを考察せよ.
① 圧力を加える.
② 酸素を外部から加える.
③ 触媒を加える.

9.4 純粋な窒素 a mol と水素 b mol を密閉容器に詰め,圧力 P,一定温度でアンモニアとの平衡を成立させた.
① 生成したアンモニアの量を x mol とし,x が a や b と比べて小さいと近似して,この反応の平衡定数を a, b, x, P で表せ.
② 圧力を 3 倍にしたとき,生成するアンモニアの量は何倍になるか.

9.5 四酸化二窒素 N_2O_4 の一部が解離して二酸化窒素 NO_2 を生じる反応

$$N_2O_4 \rightleftharpoons 2NO_2$$

の平衡定数は圧力を Pa 単位で表示したとき,25°C で 1.46×10^5 である.全圧が 1.01 MPa (10 atm) のときの四酸化二窒素と二酸化窒素のモル分率を求めよ.

9.6 アンモニアガスと塩化水素ガスは,次の式のように反応して固体の塩化アンモニウムを生じる.

$$NH_3(g) + HCl(g) \rightleftharpoons NH_4Cl(s)$$

① この反応の平衡定数をアンモニアと塩化水素の分圧を用いて表せ.
② この反応に関与する物質の標準生成ギブズ自由エネルギーが次のように得られている.この反応の平衡定数の値を求めよ.
NH_3:-16.5 kJ mol^{-1},HCl:-95.3 kJ mol^{-1},NH_4Cl:-203.0 kJ mol^{-1}

9.7 アンモニアの合成反応の 298 K での平衡定数は 6.00×10^5 Pa^{-2} である.また,

298 K での標準モル生成エンタルピー $\Delta H°$ は -46.11 kJ mol^{-1} である．300℃ と 400℃ での平衡定数を求めよ．

10. イオンを含む平衡

10.1 電解質と電離平衡

物質が水に溶けて水溶液になるとき，アルコールや砂糖のように分子のまま溶ける場合と，食塩や硫酸のようにイオンに解離して溶ける場合とがある．アルコールや砂糖の水溶液は電気を通さず，これらの物質を非電解質という．一方，食塩や硫酸の場合には，水溶液中のイオンは電荷をもっているので，イオンが移動することで電気を通すことができる．これらの物質を電解質（electrolyte）という．

電解質でもどの程度イオンに解離するかは物質によって大きく異なる．このとき，電離して生じたイオンと電離していない分子とは平衡状態にある．この平衡を電離平衡（electrolytic dissociation equilibrium）という．

電離した分子の割合を電離度という．

$$\mathrm{MA} \rightleftharpoons \mathrm{M^+} + \mathrm{A^-} \tag{10.1}$$

のような電離平衡において，もとの物質 MA の最初の濃度を C とすると，電離度は次のように表される．

$$\frac{[\mathrm{M^+}]}{C} = \frac{[\mathrm{A^-}]}{C} = \alpha \tag{10.2}$$

電離度は C に依存するので，一定の値となることはない．イオンの解離も平衡の一種であるので，イオンを含む平衡も平衡定数を用いて，より定量的に取り扱うことができる．

10.2 電解質の溶解

a．溶 解 度 積

式（10.1）で示したような，塩がイオンに解離する場合も一種の平衡であるので，次のような平衡定数が成立する．

$$K_C = \frac{[\mathrm{M^+}][\mathrm{A^-}]}{[\mathrm{MA}]} \tag{10.3}$$

9.1で述べたように，固体の濃度は 1 とするので分母は 1 となり，次のように溶解度積（solubitity product）K_{sp} が定義される．

$$K_{\mathrm{sp}} = [\mathrm{M^+}][\mathrm{A^-}] \tag{10.4}$$

1 価以外のイオンの平衡の場合，

$$\mathrm{M}_x \mathrm{A}_y \rightleftharpoons x \mathrm{M}^{m+} + y \mathrm{A}^{a-} \tag{10.5}$$

と表され，溶解度積は次のようになる．

表 10.1 難溶性塩の溶解度積（25℃）

難溶性塩	溶解度積	難溶性塩	溶解度積	難溶性塩	溶解度積
$Al(OH)_3$	1.9×10^{-32}	$CaCO_3$	3.6×10^{-9}	$CuBr$	5.3×10^{-9}
$Fe(OH)_2$	7.9×10^{-16}	$AgCl$	1.8×10^{-10}	ZnS	1.1×10^{-24}
$Zn(OH)_2$	4.0×10^{-16}	$AgBr$	5.0×10^{-13}	CuS	6.3×10^{-36}
$BaCO_3$	5.1×10^{-10}	AgI	8.3×10^{-17}	Ag_2S	5.7×10^{-51}

$$K_{sp} = [M^{m+}]^x [A^{a-}]^y \tag{10.6}$$

溶解度積も平衡定数であるので，同一物質の溶解度積は一定の温度では常に一定となる．これは個々のイオン濃度には無関係であり，溶解度積が一定となるようにイオン濃度が調整される．温度が変われば溶解度積の値は変化し，溶解度の温度依存性が生じる．難溶性塩の溶解度積を表 10.1 に示す．

例題 1 水に塩化銀を加えて飽和させたとき，この水溶液 1 L 中には何 g の銀イオンが溶けているか．

解答 塩化銀の溶解度積 K_{sp} は 1.8×10^{-10} mol^2 L^{-2} である．塩化銀（AgCl）は銀イオン（Ag^+）と塩化物イオン（Cl^-）に解離するため，塩化銀が溶解して生じる両イオンの物質量は等しく，$[Ag^+] = [Cl^-]$ となる．ゆえに，

$$K_{sp} = [Ag^+][Cl^-] = [Ag^+]^2 \tag{10.7}$$

となり，飽和溶液中の銀イオンの濃度は，

$$[Ag^+]_{eq} = \sqrt{K_{sp}} = 1.3 \times 10^{-5} \text{ mol L}^{-1} = [Cl^-]_{eq} \tag{10.8}$$

したがって，塩化銀の溶解度は，1.3×10^{-5} mol L^{-1} となる．

b．共通イオン効果

塩化銀が飽和しているところへ塩化ナトリウムを加えた場合を考える．定性的にはルシャトリエの法則を用いて変化の方向を予測することができる．$[Cl^-]$ が増大したので，この変化を打ち消すように $[Cl^-]$ を少なくする方向へ平衡が動く．この場合には塩化銀が沈殿することによって，$[Cl^-]$ が減少する．このように共通のイオンを含む塩を加えることにより，難溶性塩がさらに溶けにくくなる効果を共通イオン効果（common-ion effect）という．

次に，溶解度積が一定であることを用いて，定量的に解釈してみよう．$[Cl^-]$ が増加するので，K_{sp} を一定にするためには $[Ag^+]$ が減少しなければならない．これは塩化銀が沈殿することによってなされる．塩化銀の飽和溶液の濃度は上の例題でみたように，1.3×10^{-5} mol L^{-1} である．ここへ 1.0×10^{-3} mol L^{-1} に相当する量の塩化ナトリウムの固体を加えた場合を考える．これは 1 L に 58 mg という，ごくわずかな量である．$[Cl^-]$ は $1.0 \times 10^{-3} + 1.3 \times 10^{-5} \cong 1.0 \times 10^{-3}$ mol L^{-1} となり，K_{sp} は 1.8×10^{-10} であるので，$[Ag^+] = K_{sp}/[Cl^-] = 1.8 \times 10^{-7}$ となる．すなわち，$[Ag^+]$ の減少分は $1.3 \times 10^{-5} - 1.8 \times 10^{-7}$ mol L^{-1} となり，ほとんどの塩化銀が沈殿する．

10.3 酸と塩基

a. アレニウスの酸と塩基

酸（acid）と塩基（base）をどのように定義するかというのは，昔から化学者を悩ませた問題であった．Arrhenius は酸と塩基を，水中で電離して水素イオン（H^+），水酸化物イオン（OH^-）を放出するものと定義した．すなわち，塩酸（HCl），水酸化ナトリウム（NaOH）は，

$$HCl \longrightarrow H^+ + Cl^- \tag{10.9}$$

$$NaOH \longrightarrow Na^+ + OH^- \tag{10.10}$$

のように，水素イオン，水酸化物イオンを放出するので，それぞれ酸，塩基である．

では水素イオン，水酸化物イオンを放出しないものは酸，塩基ではないのか．たとえば，アンモニア（NH_3）は放出する水酸化物イオンをもたないので塩基ではないことになる．

b. ブレンステッド-ローリイの酸と塩基

アレニウスの定義の欠点を除くため，Brönsted と Lowry は，酸と塩基を次のように定義した．すなわち，酸はプロトン（proton：水素イオン：H^+）の供与体であり，塩基はプロトンの受容体であるというものである．アルカリは水溶性の塩基と定義される．

酢酸（CH_3COOH）を水（H_2O）に溶かした場合を考える．

$$\underset{\text{酸}}{CH_3COOH} + \underset{\text{塩基}}{H_2O} \rightleftharpoons \underset{\text{共役塩基}}{CH_3COO^-} + \underset{\text{共役酸}}{H_3O^+} \tag{10.11}$$

酢酸から水にプロトンが移動して，酢酸イオン（CH_3COO^-）と H_3O^+ とが生じる．このときプロトンを与えた酢酸は酸であり，プロトンを受け取った水は塩基である．水溶液中ではプロトンは単独では存在せず，H_3O^+ という形で存在し，水素イオン濃度は H_3O^+ の濃度のことになる．右辺から左辺への逆反応を考えると，このときは H_3O^+ から酢酸イオンにプロトンが移動することになる．この場合，H_3O^+ を共役酸（coujugate acid），酢酸イオンを共役塩基（coujugate base）と呼ぶ．

アレニウスの定義では塩基でなかったアンモニアを水に溶かした場合，今度は水からアンモニアにプロトンが移動して，アンモニウムイオン（NH_4^+）と水酸化物イオンとが生じる．

$$\underset{\text{塩基}}{NH_3} + \underset{\text{酸}}{H_2O} \rightleftharpoons NH_4^+ + OH^- \tag{10.12}$$

このときプロトンを与えた水は酸であり，プロトンを受け取ったアンモニアは塩基である．すなわち水は，酸としても塩基としても作用していることになる．

先ほど酸として考えた酢酸に，塩化水素（HCl）ガスを吹き込むと，塩化水素か

ら酢酸にプロトンが移動する反応が起こる．この場合には，酢酸も塩基として働いている．

$$\underset{\text{塩基}}{\text{CH}_3\text{COOH}} + \underset{\text{酸}}{\text{HCl}} \xrightleftharpoons{\text{H}^+} \text{CH}_3\text{COOH}_2{}^+ + \text{Cl}^- \tag{10.13}$$

ブレンステッド-ローリイの定義で重要なことは，酸と塩基は常に対で存在するということである．ある物質が酸であるか塩基であるかということは，物質ごとに決まっていることではなく，プロトンをやりとりする相手の化学種によって決まる．どのくらいプロトンを与える力が強いかで，酸の強さが決まるのである．

イオンに解離したとき，2個以上のプロトンを与えることができるものを多プロトン酸という．硫酸（H_2SO_4）は2プロトン酸で2段階の平衡を示し，リン酸（H_3PO_4）は3プロトン酸で3段階の平衡を示す．

c．水素イオン濃度と pH

ブレンステッド-ローリイの定義では，水素イオンは単独では存在せず，H_3O^+ の形で存在する．水素イオン濃度 $[H_3O^+]$ は，酸の特性を表す重要な量であるが，水素イオン濃度の値はさまざまであり，何桁も違う．そこで，これを対数で取り扱うのが便利であり，次のように pH を定義する．

$$\text{pH} = -\log[H_3O^+] \tag{10.14}$$

10.4 酸解離定数

a．ブレンステッド-ローリイの定義に基づく酸解離定数

ブレンステッド-ローリイの定義に基づいて酢酸の解離を考えると，反応式は，

$$\text{CH}_3\text{COOH} + \text{H}_2\text{O} \rightleftharpoons \text{CH}_3\text{COO}^- + \text{H}_3\text{O}^+ \tag{10.15}$$

のようになり，この平衡の平衡定数は次のように定義される．

$$K = \frac{[\text{H}_3\text{O}^+][\text{CH}_3\text{COO}^-]}{[\text{H}_2\text{O}][\text{CH}_3\text{COOH}]} \tag{10.16}$$

ここで，全体の水の量は多量で，解離にかかわる水の量は少量なので，水の濃度 $[H_2O]$ は一定と見なして，$[H_2O]$ を平衡定数の中に含めると，次式の平衡定数が得られる．これを酸解離定数（acid dissociation constant）という．

$$K_a = \frac{[\text{H}_3\text{O}^+][\text{CH}_3\text{COO}^-]}{[\text{CH}_3\text{COOH}]} \tag{10.17}$$

表10.2に，いくつかの酸について，25℃の水に対する K_a の値を中央の欄に示す．酢酸の酸解離定数 K_a は，2.75×10^{-5} mol L^{-1} の値をとる．リン酸は3プロトン酸であるので，それぞれ第1解離定数，第2解離定数，第3解離定数がある．

解離の度合いが小さい酸を弱酸といい，酸解離定数の値も小さくなる．表10.2に示されるように酸解離定数の値はさまざまで何桁も違うので，これを対数で取り扱った方が便利であり，次のように pK_a を定義する．

$$\text{p}K_a = -\log K_a \tag{10.18}$$

表 10.2 酸解離定数 K_a と pK_a (25℃)

酸	化学式	K_a/mol L^{-1}	pK_a
トリクロロ酢酸	CCl$_3$COOH	2.2×10^{-1}	0.66
ベンゼンスルホン酸	C$_6$H$_5$SO$_3$H	2.0×10^{-1}	0.70
ヨウ素酸	HIO$_3$	1.7×10^{-1}	0.77
リン酸 （第1解離定数）	H$_3$PO$_4$	7.1×10^{-3}	2.15
（第2解離定数）		6.2×10^{-8}	7.20
（第3解離定数）		4.5×10^{-13}	12.35
フッ化水素酸	HF	6.8×10^{-4}	3.17
ギ酸	HCOOH	2.8×10^{-4}	3.55
酢酸	CH$_3$COOH	2.75×10^{-5}	4.56
炭酸	H$_2$CO$_3$	4.3×10^{-7}	6.37
次亜塩素酸	HClO	3.0×10^{-8}	7.53
シアン化水素酸	HCN	6.2×10^{-10}	9.21
フェノール	C$_6$H$_5$OH	1.3×10^{-10}	9.89

pK_aの値も表10.2に一緒に示しておく．

b．酸解離定数と水素イオン濃度

次に，このK_aと[H$_3$O$^+$]との関係を求めてみる．弱酸の場合，次のような近似を置くことができる．

近似①： 弱酸では酸はほとんどイオンに解離していないと考えてよい．すると解離していない形の濃度は，もともと加えた酸の濃度と等しいと近似できる．

$$[\text{CH}_3\text{COOH}]_{eq} \cong [\text{CH}_3\text{COOH}]_{add} = A \tag{10.19}$$

近似②： 水の解離はごくわずかなので無視できると考えてよい．すると水の解離で生じる水素イオンは無視できて，水素イオンはすべて酸の解離により生じると近似できる．

$$[\text{H}_3\text{O}^+]_{eq} \cong [\text{CH}_3\text{COO}^-]_{eq} \tag{10.20}$$

1個の酸の解離により，それぞれ1個のH$_3$O$^+$とCH$_3$COO$^-$が生じるので，

$$K_a \cong \frac{[\text{H}_3\text{O}^+]_{eq}^2}{A} \tag{10.21}$$

と表すことができて，平衡状態での水素イオン濃度とpHは，

$$[\text{H}_3\text{O}^+]_{eq} = \sqrt{K_a A} \tag{10.22}$$

$$\begin{aligned}\text{pH} &= -\log[\text{H}_3\text{O}^+] = -\log\sqrt{K_a A} \\ &= -\frac{1}{2}\log K_a - \frac{1}{2}\log A = \frac{1}{2}\text{p}K_a - \frac{1}{2}\log A\end{aligned} \tag{10.23}$$

となる．

c．電離度と酸解離定数

酸の電離度αとK_aとの関係を，次のような酸の解離で考える．

$$\text{HAc} + \text{H}_2\text{O} \rightleftharpoons \text{H}_3\text{O}^+ + \text{Ac}^- \tag{10.24}$$

水の解離は小さいと近似すると，解離により生じる水素イオンの濃度と解離した酸の濃度は等しいので，

$$K_a = \frac{[H_3O^+][Ac^-]}{[HAc]} = \frac{[Ac^-]^2}{[HAc]} \tag{10.25}$$

また，電離度の定義より最初の濃度を C とすると，$[Ac^-]/C = \alpha$ なので，

$$K_a = \frac{(C\alpha)^2}{(1-\alpha)C} \tag{10.26}$$

となり，弱酸の場合には $\alpha \ll 1$ なので，$1-\alpha \cong 1$ と近似できて，

$$K_a = C\alpha^2 \tag{10.27}$$

$$\alpha = \sqrt{\frac{K_a}{C}} \tag{10.28}$$

となる．K_a は一定値をとるので，α は C に依存し，濃度が小さくなれば電離度が大きくなる．

10.5 水のイオン積

ブレンステッド-ローリイの定義に基づいて水の解離を考えると，次の式のように水素イオン（H_3O^+）と水酸化物イオン（OH^-）を生じる．

$$\underset{酸}{H_2O} + \underset{塩基}{H_2O} \rightleftharpoons H_3O^+ + OH^- \tag{10.29}$$

この平衡の平衡定数は，次のようになる．

$$K = \frac{[H_3O^+][OH^-]}{[H_2O]^2} \tag{10.30}$$

水はごくわずかしか解離していないので，水の濃度 $[H_2O]$ はほぼ一定と見なせて，平衡定数中に含めることができる．そうすると水のイオン積（ionic product of water）K_w が次のように定義される．

$$K_w = [H_3O^+][OH^-] \tag{10.31}$$

25℃では K_w の値は 1.0×10^{-14} $mol^2 L^{-2}$ と，きりのいい値になり，pK_w は 14.0 になる．

純水の水素イオン濃度の値 $[H_3O^+]$ は $[OH^-]$ と等しいので，

$$[H_3O^+] = \sqrt{K_w} = 1.0 \times 10^{-7} \tag{10.32}$$

となる．これより 25℃での純水の pH は，

$$pH = -\log[H_3O^+] = -\log(1.0 \times 10^{-7}) = 7.0 \tag{10.33}$$

となる．中性溶液の pH は 7.0 であり，酸性溶液では pH は 7.0 より小さく，アルカリ性溶液では pH は 7.0 より大きくなる．

10.6 塩基の解離平衡

塩基の解離平衡についても同様に考えることができる．アンモニアが水に溶けた場合を考えると，

$$NH_3 + H_2O \rightleftharpoons NH_4^+ + OH^- \tag{10.34}$$

10.6 塩基の解離平衡

表 10.3 塩基解離定数 K_b と pK_b（25℃）

塩基	化学式	K_b/mol L^{-1}	pK_b
トリエチルアミン	$(C_2H_5)_3N$	5.2×10^{-4}	3.28
ジメチルアミン	$(CH_3)_2NH$	5.4×10^{-4}	3.27
メチルアミン	CH_3NH_2	4.4×10^{-4}	3.36
トリメチルアミン	$(CH_3)_3N$	6.5×10^{-5}	4.19
アンモニア	NH_3	1.8×10^{-5}	4.75
ピリジン	C_6H_5N	2.6×10^{-9}	8.58
アニリン	$C_6H_5NH_2$	4.3×10^{-10}	9.37

ここで同様に塩基解離定数（base dissociation constant）K_b を次のように定義する．

$$K_b = \frac{[NH_4^+][OH^-]}{[NH_3]} \tag{10.35}$$

また同様に，$pK_b = -\log K_b$ となる．いくつかの塩基の K_b と pK_b の値を表 10.3 に示す．

アルカリ性溶液の $[H_3O^+]$ を求めるためには，先に述べた水のイオン積 K_w が必要になる．この値をもとに，塩基の pH を考えてみよう．K_w の定義から，

$$[H_3O^+] = \frac{K_w}{[OH^-]} \tag{10.36}$$

となる．このときアンモニアは弱塩基であるので，次のような近似を置くことができる．

近似①：　弱塩基では塩基はほとんどイオンに解離していないと考えてよい．すると解離していない形の濃度は，もともと加えた塩基の濃度と等しいと近似できる．

$$[NH_3]_{eq} \cong [NH_3]_{add} = B \tag{10.37}$$

近似②：　水の解離はさらに小さいと考えてよい．すると水の解離で生じる水酸化物イオンは無視できて，水酸化物イオンはすべて塩基の解離により生じると近似できる．

$$[OH^-]_{eq} = [NH_4^+]_{eq} \tag{10.38}$$

1 個の塩基の解離により，それぞれ 1 個のアンモニウムイオンと水酸化物イオンを生じるので，

$$K_b \cong \frac{[OH^-]_{eq}^2}{B} \tag{10.39}$$

となり，平衡状態での水酸化物イオンの濃度は，

$$[OH^-]_{eq} = \sqrt{K_b B} \tag{10.40}$$

となる．$[H_3O^+]$ と pH は，式 (10.36) を用いて，次のようになる．

$$[H_3O^+] = \frac{K_w}{\sqrt{K_b B}} \tag{10.41}$$

$$pH = pK_w - \frac{1}{2}pK_b + \frac{1}{2}\log B \tag{10.42}$$

10.7 加水分解

弱酸と強塩基の塩，強酸と弱塩基の塩を水に溶かした場合を考えてみよう．この場合も酸，塩基の解離定数と水のイオン積は一定に保たれる．

酢酸ナトリウム CH_3COONa を水に溶かした場合，次の平衡が成り立っている．

$$CH_3COONa \rightleftharpoons CH_3COO^- + Na^+ \tag{10.43}$$

酢酸ナトリウムは強塩基の塩であるのでほとんど解離しており，式 (10.43) の平衡は大きく右へ偏っている．右辺にある酢酸イオンは酢酸の共役塩基であり，水に対しては塩基として働いて，次のような平衡が成り立つ．

$$CH_3COO^- + H_2O \rightleftharpoons CH_3COOH + OH^- \tag{10.44}$$

このため水酸イオン OH^- がわずかに生じるので，溶液は弱いアルカリ性となる．

式 (10.44) の塩基解離定数は次のように書くことができる．

$$K_b = \frac{[CH_3COOH][OH^-]}{[CH_3COO^-]} \tag{10.45}$$

ここへ式 (10.17) の酢酸の酸解離定数の式を代入すると，次のようになる．

$$K_b = \frac{[H_3O^+][OH^-]}{K_a} = \frac{K_w}{K_a} \tag{10.46}$$

$$pK_b = pK_w - pK_a \tag{10.47}$$

この溶液の pH は式 (10.47) の pK_b を用いて，式 (10.42) に代入することで計算できる．

逆に塩化アンモニウム NH_4Cl を溶かした場合

$$NH_4Cl \rightleftharpoons NH_4^+ + Cl^- \tag{10.48}$$

$$NH_4^+ + H_2O \rightleftharpoons NH_3 + H_3O^+ \tag{10.49}$$

の酸解離平衡が成り立ち，H_3O^+ イオンがわずかに生じるので，溶液は酸性となる．

10.8 中和

a．中和滴定

酸が塩基に与えることができるプロトンの物質量と，塩基が受け取ることができるプロトンの物質量が等しいとき，酸と塩基は過不足なく反応する．これを中和（neutralization）という．濃度が未知の酸や塩基の濃度を濃度既知の酸や塩基との中和によって求める操作を中和滴定（neutralization titration）という．中和滴定において加えた酸や塩基の水溶液の体積と混合水溶液の pH との関係を示す図を，中和滴定曲線という．例を図 10.1 に示す．

中和滴定曲線では，中和点付近で pH が急変する．強塩基へ強酸を滴下した場合について，このときの pH 変化を考えてみよう．中和点では，強酸の物質量 ×

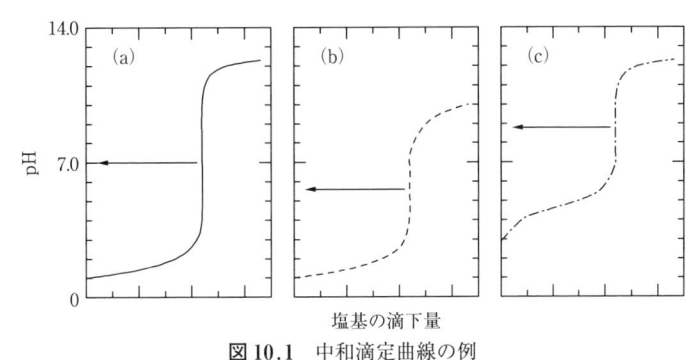

図 10.1 中和滴定曲線の例
(a) 強酸と強塩基,(b) 強酸と弱塩基,(c) 弱酸と強塩基の組み合わせ

価数と強塩基の物質量×価数は等しい.このとき生じた塩はすべてイオンに解離しており,ここでの重要な平衡は水の解離のみであって,溶液は中性でpH=7.0である.0.1 mol L^{-1}の水酸化ナトリウム 25 mL に,0.1 mol L^{-1}の塩酸を滴下した場合を考える.中和点の手前で1滴分に当たる0.05 mLの水酸化ナトリウム溶液が過剰な場合,過剰な水酸化ナトリウム溶液の濃度は,全体の液量を50 mLとして,0.000 1 mol L^{-1}となり,これはpH=10.0に相当する.逆に,中和点直後で同じく1滴分に当たる0.05 mLの塩酸が過剰な場合,過剰な塩酸の濃度は0.000 1 mol L^{-1}となり,これはpH=4.0に相当する.これより中和点の前後でpHが大きく変化することがわかる.

強酸-弱塩基の組み合わせではアルカリ性部分で,強塩基-弱酸の組み合わせでは酸性部分で,この変化がなだらかになる.弱酸-弱塩基の組み合わせでは中和滴定曲線全体がなだらかに変化するので,中和滴定には適さない.被検液が弱酸や弱塩基のときには強酸や強塩基を用いるとよい.

b.中和指示薬

中和点を知るために,指示薬(indicator)を用いることができる.指示薬はpHに応じてプロトンが出入りすることにより分子構造が変化して,色も変化する化合物である.種々の指示薬とその変色域を表 10.4 に示す.

指示薬を用いる際には中和が起こるpH領域を考えて,その領域で色が変化する指示薬を用いなければならない.変色域が中和滴定曲線のpH急変部と重なる指示薬がよい.弱酸-強塩基の組み合わせでは中和点はアルカリ性側にあるため,変色域がpH=4.0付近のメチルオレンジでは不適であり,変色域がpH=9.0付近のフェノールフタレインが適切である.

10.9 緩衝液

中和滴定曲線では中和点付近でpHが急変したが,逆にそれ以外の酸とその塩や,塩基とその塩が混在する領域では,塩基や酸を加えても溶液のpHの変化は小さい.このような領域では酸や塩基の溶液を加えてもpHの変化はわずかであ

表10.4 指示薬と変色域

指示薬	酸形の色	変色域（pH）	塩基形の色
チモールブルー（A）	赤	0.2〜1.8	黄
メチルオレンジ	赤	3.1〜4.4	黄
メチルレッド	赤	4.2〜6.3	黄
ブロモチモールブルー	黄	6.0〜7.6	青
リトマス	赤	5.0〜8.0	青
フェノールレッド	黄	6.6〜8.0	赤
チモールブルー（B）	黄	8.0〜9.6	青
フェノールフタレイン	無色	8.3〜10.0	ピンク
アリザリンイエロー	黄	10.1〜12.0	赤

り，このような pH の変化を和らげる溶液を緩衝液（buffer solution）という．

酢酸と酢酸ナトリウムの混合液で，その緩衝効果をみてみよう．液中では次に再掲する式（10.15），（10.43）の平衡と，式（10.29）の水の解離平衡が成り立っている．

$$CH_3COOH + H_2O \rightleftharpoons CH_3COO^- + H_3O^+ \tag{10.15}$$

$$CH_3COONa \rightleftharpoons CH_3COO^- + Na^+ \tag{10.43}$$

$$H_2O + H_2O \rightleftharpoons H_3O^+ + OH^- \tag{10.29}$$

まず，ルシャトリエの法則により定性的に考えてみる．酢酸は弱酸であるので，式（10.15）の平衡は左へ偏っている．一方，酢酸ナトリウムは強塩基の塩であるのでほとんど解離しており，式（10.43）の平衡は逆に右へ偏っている．10.7 で考えた場合と異なって，酢酸も多量に存在するので，解離していない酢酸も解離した酢酸も，どちらも多量に存在する．ここへ酸を加えた場合には，加えた酸の H_3O^+ は酢酸イオンと反応して，式（10.15）の平衡が左へ動き H_3O^+ が減少する．逆に塩基を加えると水酸化物イオンが増えるので，式（10.29）が左へ動いて H_3O^+ が減少する．すると式（10.15）が右へ動くように酢酸が解離して H_3O^+ を生じる．いずれも酸や塩基を加えるという効果を小さくする方向に働いて，pH の変化を小さくするように作用している．

次に，酸解離定数を用いて定量的に考える．まず，緩衝液の pH を求めてみよう．次のような近似式を考える．

近似①： 酢酸は弱酸で式（10.15）の平衡は大きく左へ偏っているので，平衡状態にある酢酸の濃度は最初に加えた酢酸の濃度と等しいと近似できる．

$$[CH_3COOH]_{eq} \cong [CH_3COOH]_{add} = A \tag{10.50}$$

近似②： 酢酸ナトリウムはほとんど解離していて式（10.43）の平衡は大きく右へ偏っているので，平衡状態にある酢酸イオンの濃度は最初に加えた酢酸ナトリウムの濃度と等しいと近似できる．

$$[CH_3COO^-]_{eq} \cong [CH_3COONa]_{add} = S \tag{10.51}$$

酸解離定数の定義から，

$$[H_3O^+]_{eq} = K_a \frac{[CH_3COOH]_{eq}}{[CH_3COO^-]_{eq}} \cong K_a \frac{A}{S} \tag{10.52}$$

10.9 緩衝液

表 10.5　緩衝液と緩衝範囲

緩衝液	緩衝範囲（pH）
グリシン＋グリシン塩酸塩	1.0～3.7
フタル酸＋フタル酸水素カリウム	2.2～3.8
乳酸＋乳酸ナトリウム	2.3～5.3
酢酸＋酢酸ナトリウム	3.2～6.2
クエン酸二ナトリウム＋クエン酸三ナトリウム	5.0～6.3
リン酸一ナトリウム＋リン酸二ナトリウム	5.2～8.3
アンモニア＋塩化アンモニウム	8.0～11.0
リン酸二ナトリウム＋リン酸三ナトリウム	11.0～12.0

$$\mathrm{pH}=\mathrm{p}K_\mathrm{a}-\log\left(\frac{A}{S}\right) \tag{10.53}$$

$A=S$ のとき，$\log(A/S)=0$ となる．したがって，この付近で A や S の値が多少変動しても，$\log(A/S)$ の値にするとごくわずかとなり，pH の変動が小さいことがわかる．

これより，$A=S$ では $\mathrm{pH}=\mathrm{p}K_\mathrm{a}$ となることがわかる．ある pH の緩衝液をつくりたいときには，目的とする pH と同程度の $\mathrm{p}K_\mathrm{a}$ の酸か $\mathrm{p}K_\mathrm{b}$ の塩基と，それらと強塩基，強酸との塩とが，ほぼ同じ物質量となるよう混ぜた溶液とすればよいことになる．いくつかの緩衝液を表 10.5 に示す．

ここへ酸や塩基が加えられたときの pH 変化を，酸解離定数を使って次の例題で定量的に考えてみよう．

例題 2　$0.100\ \mathrm{mol\ L^{-1}}$ の酢酸水溶液 $10.0\ \mathrm{mL}$ と，$0.200\ \mathrm{mol\ L^{-1}}$ の酢酸ナトリウム水溶液 $10.0\ \mathrm{mL}$ を混合した溶液に，$0.100\ \mathrm{mol\ L^{-1}}$ の塩酸 $1.00\ \mathrm{mL}$ を加えたときの pH の値を求めよ．

解答　混合後の酢酸と酢酸ナトリウムのそれぞれの濃度は $0.0500\ \mathrm{mol\ L^{-1}}$，$0.100\ \mathrm{mol\ L^{-1}}$ となり，塩酸を加える前の pH はこれらの値を式 (10.53) に代入すると得られて，$\mathrm{pH}=4.86$ となる．

ここへ塩酸を加えると全液量は $21.0\ \mathrm{mL}$ となる．塩酸を水に加えた場合，塩酸は完全に解離すると考えてよいので，$0.100\times1.00/1000=1.00\times10^{-4}\ \mathrm{mol}$ の塩酸が $21.0\ \mathrm{mL}$ 中にあることになり，$\mathrm{pH}=2.32$ となって，大きく変化する．

一方，塩酸を上の混合溶液に加えた場合を考える．塩酸添加前の液中の解離していない酢酸の物質量は，$0.100\times10.0/1000\ \mathrm{mol}=1.00\times10^{-3}\ \mathrm{mol}$，また，解離した酢酸イオンの物質量は，$0.200\times10.0/1000\ \mathrm{mol}=2.00\times10^{-3}\ \mathrm{mol}$ である．加えた塩酸の物質量は $1.00\times10^{-4}\ \mathrm{mol}$ であるので，完全解離の場合は新たに $1.00\times10^{-4}\ \mathrm{mol}$ の $\mathrm{H_3O^+}$ が生じたことになる．この分を打ち消すように式 (10.44) の平衡が左へ動いて酢酸イオンが $1.00\times10^{-4}\ \mathrm{mol}$ 減少し，酢酸が $1.00\times10^{-4}\ \mathrm{mol}$ 増加する．添加後の酢酸の物質量は $1.10\times10^{-3}\ \mathrm{mol}$，酢酸イオンの物質量は $1.90\times10^{-5}\ \mathrm{mol}$ となり，酢酸の濃度は $1.10\times10^{-4}/(21.0/1000)\ \mathrm{mol\ L^{-1}}$，酢酸イオンの濃度は $1.90\times10^{-4}/(21.0/1000)\ \mathrm{mol\ L^{-1}}$ となる．

酸解離定数の定義にこれら値を代入すると，水素イオン濃度は，

$$[H_3O^+]_{eq} = \frac{K_a[CH_3COOH]_{eq}}{[CH_3COO^-]_{eq}} = \frac{2.75\times 10^{-5}\,\text{mol L}^{-1} \times \dfrac{1.10\times 10^{-3}\,\text{mol}}{21.0/1\,000\,\text{L}}}{\dfrac{1.90\times 10^{-3}\,\text{mol}}{21.0/1\,000\,\text{L}}}$$

$$= 1.59\times 10^{-5}\,\text{mol L}^{-1} \qquad (10.54)$$

となり，pH＝4.80となって，緩衝液に塩酸を加えてもほとんどpHが変化しないことがわかる．

練習問題

10.1 臭化銀とヨウ化銀についての次の問題に答えよ．
① 25℃での臭化銀の飽和水溶液の濃度を求めよ．
② 25℃でのヨウ化銀の飽和水溶液の濃度を求めよ．
③ 臭化銀とヨウ化銀の固体を一緒に水中に投じたとき，水中のそれぞれの固体はその後どうなるかを記せ．

10.2 次の水溶液の25℃でのpHを求めよ．
① $0.500\,\text{mol L}^{-1}$の酢酸水溶液
② ①の溶液を10倍に水で希釈した溶液
③ $0.500\,\text{mol L}^{-1}$の塩酸水溶液
④ ③の溶液を10倍に水で希釈した溶液

10.3 次の中和滴定と指示薬との組合せは，適切か不適切かを判断しなさい．
① 硫酸水溶液を水酸化ナトリウム水溶液で滴定するのに，ブロモチモールブルーを用いる．
② 塩酸水溶液を水酸化ナトリウム水溶液で滴定するのに，メチルオレンジを用いる．
③ 水酸化ナトリウム水溶液をシュウ酸水溶液で滴定するのに，メチルオレンジを用いる．
④ 炭酸ナトリウム水溶液を塩酸水溶液で滴定するのに，フェノールフタレインを用いる．

10.4 次の水溶液の25℃でのpHを求めよ．
① $0.100\,\text{mol L}^{-1}$の酢酸ナトリウム水溶液
② $0.100\,\text{mol L}^{-1}$の塩化アンモニウム水溶液

10.5 次のpHの緩衝液を作るのに，そのpHの次に示す酸・塩基とその塩の組合せは，適切か不適切かを判断しなさい．
① pH＝5：リン酸＋リン酸一ナトリウム
② pH＝7：リン酸一ナトリウム＋リン酸二ナトリウム
③ pH＝7：塩酸＋塩化ナトリウム
④ pH＝9：アンモニア＋塩化アンモニウム

10.6 次の水溶液の25℃でのpHを求めよ．
① 酢酸および酢酸ナトリウムが各$0.20\,\text{mol L}^{-1}$の濃度の緩衝液
② 濃度$0.40\,\text{mol L}^{-1}$の塩酸水溶液
③ ①の緩衝液29.0 mLに②の塩酸溶液1.00 mLを加えた溶液
④ ①の緩衝液27.0 mLに②の塩酸溶液3.00 mLを加えた溶液

11. 電気化学

化学反応を考えるとき，反応前と反応後のエネルギー変化が重要な因子であることをこれまで学んできた．その化学反応で生じたエネルギーを取り出せばエネルギー源となる．身近なところでは，熱エネルギーとして取り出す使い捨てカイロなどが思い浮かぶ．一方，電気エネルギーとして取り出すのが電池である．

ここではまず，電池のもとになる電子のやりとりを考える．次に，それを用いた電池の原理，すなわち電気化学を学び，さらには種々の電池の説明を行いたい．電池はこれからの技術である．将来さまざまな新しい電池が登場すると思うが，その原理を知っておくことは有意義である．

11.1 酸化と還元

電気化学を勉強するのになぜ酸化と還元なのかという疑問があるかもしれないが，これが本質なので，まずしっかり理解してもらいたい．

化学種間の電子のやりとりが酸化反応であり，還元反応である．そもそも化学反応の大部分が電子のやりとりで起きているので，反応は酸化反応か還元反応のいずれかといっても過言ではない．

酸化反応とは，化学種から電子がとられる反応のことをいう．酸化反応の代表例に，酸素が関与する反応がある．

$$2Mg(s) + O_2(g) \longrightarrow 2MgO(s) \tag{11.1}$$

この反応では，マグネシウムが2電子を放出し，陽イオンとなっている．このことを，「マグネシウムが酸化された」という．

$$Mg \longrightarrow Mg^{2+} + 2e^- \tag{11.2}$$

一方，放出された電子は酸素に取り込まれる．

$$\frac{1}{2}O_2 + 2e^- \longrightarrow O^{2-} \tag{11.3}$$

このように化学種に電子が取り込まれることを「還元される」といい，ここでは酸素が還元されている．結局，この反応ではマグネシウムが酸化され，酸素が還元されるという反応が起きている．ここで，酸素はマグネシウムを酸化したので酸化剤（oxidizing agent）といい，マグネシウムは酸素を還元したので還元剤（reducing agent）という．

次に，酸化銅と水素の反応を考えてみよう．

$$CuO(s) + H_2(g) \longrightarrow Cu(s) + H_2O(g) \tag{11.4}$$

この反応では，Cu^{2+} が銅になるので電子を取り込んでおり，すなわち還元されている．一方，水素は $2H^+$ になって水を生成しているので電子を放出，すなわち酸

化されている．結局，酸化銅が酸化剤として，また水素が還元剤として働いている．

　一般に，化学反応のほとんどがこのような電子のやりとりを伴う反応で，このような反応を酸化-還元反応（oxidation-reduction reaction, redox reaction）という．ただ，ある化学種の挙動に注目する場合には，その化学種の電子のやりとりだけに言及する．たとえば，最初の例ではマグネシウムは酸化されて酸化マグネシウムになったわけであるし，次の例の酸化銅は水素によって還元されて銅金属になったわけである．

　もう一つ例をあげてみよう．亜鉛を硫酸銅溶液に浸すと，亜鉛は溶けて銅が析出してくる．この反応の反応式を書くと次のようになる．

$$Zn(s) + CuSO_4(aq) \longrightarrow ZnSO_4(aq) + Cu(s) \tag{11.5}$$

実際にはこの反応は平衡反応であり，その平衡定数 K は，次のように書き表せる．

$$K = \frac{[ZnSO_4]}{[CuSO_4]} = \frac{[Zn^{2+}]}{[Cu^{2+}]} \tag{11.6}$$

この反応は右に進むので，K は大きな値をもつことがわかる．この反応では亜鉛金属が酸化されて Zn^{2+} になり，水に溶ける．一方，水に溶けている Cu^{2+} は還元されて銅金属になる．すなわち，酸化-還元反応が起きているのである．

11.2 酸化数

　このように述べても，電子のやりとりはなかなか理解しにくい．酸化されたのか還元されたのかを判断するためには，酸化数を用いるとわかりやすい．酸化数は，次の規則によって決められる．

　① 単体の原子の酸化数は 0 である．
　② 化合物中の成分原子の酸化数の総和は 0 とする．
　③ 単一の原子からなるイオンの酸化数はその価数に等しい．
　④ 複数の原子からなるイオンでは，成分原子の酸化数の総和はそのイオンの価数に等しい．
　⑤ 化合物中の水素原子の酸化数は +1，酸素原子の酸化数は -2 とする．ただし，NaH などの金属水素化物の水素原子の酸化数は -1，また H_2O_2 などの過酸化物の酸素原子の酸化数は -1 とする．

　以上の規則をいろいろな反応に応用してほしい．

　ある原子の酸化数が増加した場合は，その原子は酸化されており，減少した場合は還元されていることを意味する．

11.3 化学電池

　今まで述べてきた，電子の流れを電気としてとらえて調べる装置を，化学電池（chemical cell）という．これは，一般的には2つの槽にイオンを通す電解質溶液

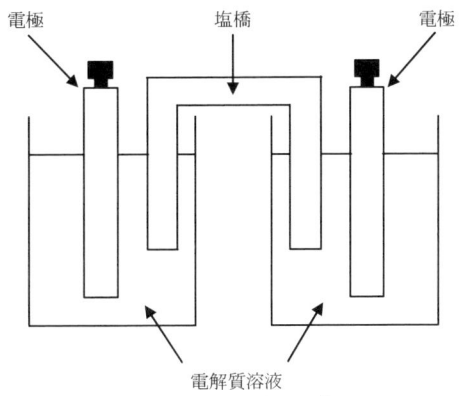

図 11.1 化学電池の概念図

を入れて，各々，金属の電極（electrode）を浸す．この2つの槽をイオン伝導性の媒質でできている塩橋（salt bridge）で結んで，イオンが行き来できるようにしておく（図 11.1）．このような装置を組むことによって電気を起こす化学電池を，ガルバニ電池（Galvanic cell）という．たとえば前に述べた亜鉛-硫酸銅の系はそれに当たり，特にダニエル電池（Daniell cell）という．

硫酸銅水溶液中で亜鉛が溶けるという反応を，具体的に化学電池として考えてみよう．今，左側の槽に硫酸亜鉛水溶液を入れて亜鉛電極を浸す．一方，右側の槽には硫酸銅を溶かし，銅電極を浸す．この2つの電極に電圧計をつけた外部回路を接続する．その結果，亜鉛電極から電子が外部回路を通って銅電極に流れる．電子をとられた亜鉛は Zn^{2+} になり，これはイオンなので容易に水に溶けて水溶液中に拡散する．一方，銅電極に流れ込んだ電子は，電極の近傍に溶けている硫酸銅の Cu^{2+} に取り込まれ，銅金属となって銅電極表面に析出する（図 11.2）．

このような化学電池は，次のように表記する．

$$Zn(s) \mid ZnSO_4(aq) \parallel CuSO_4(aq) \mid Cu(s) \tag{11.7}$$

縦線は相境界を意味する．また，縦の二重線は，塩橋などで液間の電位差を低下させている相界面を表している．ここで酸化が起こる電極を左側に，還元が起こる電極を右側に書くようにする．また，酸化が起こる電極すなわち左側の電極を陽極（anode），還元が起こる電極すなわち右側の電極を陰極（cathode）と呼ぶ．

11.4 標準電極電位

種々の電極に外部回路をつないだときに，どちらの向きに電流が流れるのであろうか．すなわち，どちらの電極が陽極あるいは陰極になるのであろうか．また，その際の起電力，つまり電位差はどのくらいなのか．これらを知るためには標準電極電位（standard electrode potential）を知る必要がある．

標準電極電位とは，ある基準となる電極ともう一方の電極との間の酸化-還元

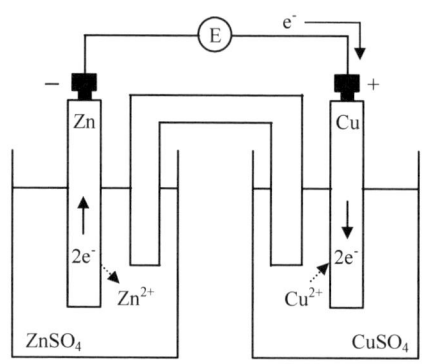

図 11.2 硫酸銅水溶液中で亜鉛が溶けるときの反応の様子

電位の差である．基準となる電極には，以下に示す平衡反応の水素電極を用いる．

$$H^+(aq) + e^- \rightleftharpoons \frac{1}{2}H_2(aq) \tag{11.8}$$

$$Pt\,|\,H_2(1\,atm)\,|\,H^+(1\,mol\,L^{-1})\,(aq) \tag{11.9}$$

これを標準水素電極（standard hydrogen eledrode：SHE）と呼んで，左側の電極とする．右側に標準電極電位を知りたい電極を置いて電池をつくる．たとえば，銀-銀イオン対の標準電極電位を知るには，下に示すような化学電池をつくる．

$$Pt\,|\,H_2(g)\,|\,H^+(aq)\,\|\,Ag^+(aq)\,|\,Ag(s) \tag{11.10}$$

その際，溶液の濃度は $1\,mol\,L^{-1}$ にして，この条件下で起電力を測定する．得られた起電力（electromotive force）E は，次式の関係にある．

$$E（電池）= E°（右側の電極）- E（SHE） \tag{11.11}$$

求めたいのは $E°$（右側の電極）である．ここで，SHE をすべての電極の基準とするので，E（SHE）$=0$ とすることができる．したがって，測定した E（電池）が標準電極電位 $E°$（右側の電極）になる．実際には SHE をつくることは面倒であり，取り扱いが容易であるカロメル電極（calomel electrode：SCE，甘コウ電極）（SHE に対して $+0.26\,V$）を基準に用いる．そこで得た値を $+0.26\,V$ 補正することにより，標準電極電位とするのが一般的である．SHE と SCE の概略を図 11.3 に示す．また，このようにして求めた標準電極電位を表 11.1 に示す．

11.5 起 電 力

表 11.1 から，どちらの電極が陽極あるいは陰極になるのか，さらには起電力 E はどのくらいかがわかる．すなわち，

$$E = 電位（右側の電極）- 電位（左側の電極） \tag{11.12}$$

となって，E が正の値になるように電極を配置すればよい．その際の反応としては，左側の電極（陽極）で酸化が起こり，右側の電極（陰極）で還元が起こる．すなわち，高い電位をもつ電極で還元が起こり，低い電位をもつ電極で酸化が起こることになる．

（a）　　　　　　　　　　　　　（b）

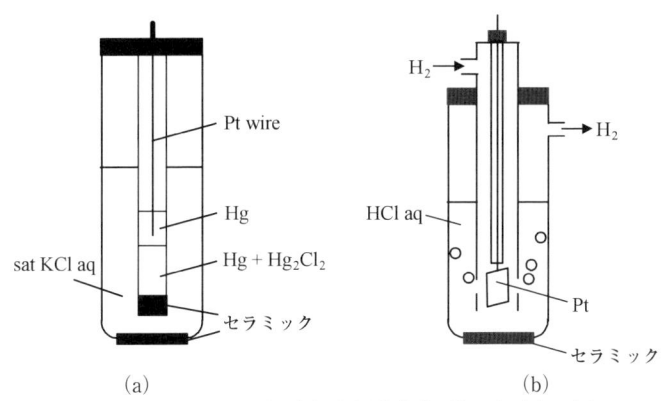

図 11.3 カロメル電極（a）と標準水素電極の概念図（b）

表 11.1 標準電極電位 $E°$/V（25℃）

平衡反応	$E°$	平衡反応	$E°$
$Li^+ + e^- \rightleftharpoons Li$	-3.045	$2H^+ + 2e^- \rightleftharpoons H_2$	0
$K^+ + e^- \rightleftharpoons K$	-2.925	$AgBr + e^- \rightleftharpoons Ag + Br^-$	0.071
$Ca^{2+} + 2e^- \rightleftharpoons Ca$	-2.866	$AgCl + e^- \rightleftharpoons Ag + Cl^-$	0.223
$Na^+ + e^- \rightleftharpoons Na$	-2.712	$Hg_2Cl_2 + 2e^- \rightleftharpoons 2Hg + 2Cl^-$	0.268
$Mg^{2+} + 2e^- \rightleftharpoons Mg$	-2.375	$Cu^{2+} + 2e^- \rightleftharpoons Cu$	0.340
$Al^{3+} + 3e^- \rightleftharpoons Al$	-1.706	$Fe^{3+} + e^- \rightleftharpoons Fe^{2+}$	0.770
$Zn^{2+} + 2e^- \rightleftharpoons Zn$	-0.763	$Hg_2^{2+} + 2e^- \rightleftharpoons 2Hg$	0.781
$Cr^{3+} + 3e^- \rightleftharpoons Cr$	-0.744	$Ag^+ + e^- \rightleftharpoons Ag$	0.800
$Fe^{2+} + 2e^- \rightleftharpoons Fe$	-0.409	$Br_2 + 2e^- \rightleftharpoons 2Br^-$	1.065
$Ni^{2+} + 2e^- \rightleftharpoons Ni$	-0.250	$Cl_2 + 2e^- \rightleftharpoons 2Cl^-$	1.358
$Sn^{2+} + 2e^- \rightleftharpoons Sn$	-0.136	$Ce^{4+} + e^- \rightleftharpoons Ce^{3+}$	1.443
$Pb^{2+} + 2e^- \rightleftharpoons Pb$	-0.126		

亜鉛-硫酸銅の系の起電力はいくらかということが問われたときは，電池の構成は，

$$Zn(s) | ZnSO_4(aq) \| CuSO_4(aq) | Cu(s) \tag{11.13}$$

であり，標準電極電位は，

$$Zn^{2+} + 2e^- \rightleftharpoons Zn, \ -0.763\ \text{V} \tag{11.14}$$

$$Cu^{2+} + 2e^- \rightleftharpoons Cu, \ 0.340\ \text{V} \tag{11.15}$$

なので，E は，

$$E = 0.340 - (-0.763) = 1.103\ \text{V} \tag{11.16}$$

ということがわかるのである．

11.6　電池反応の平衡定数

電池の起電力を E とし，その電池反応によって n mol の電子が陽極から陰極に移動したとする．そのとき行われる仕事 w は，1 電子（e^-）がもつ電荷を 1 ファ

ラデー定数 F とすると，

$$w = n \times (-F) \times E \tag{11.17}$$

となる．この反応は温度と圧力が一定で可逆反応なので，反応の自由エネルギー変化量は仕事量に等しい．したがって，

$$\Delta G = -nFE \tag{11.18}$$

となる．今，反応自由エネルギー ΔG と標準モル反応自由エネルギー $\Delta G°$ との間には，次の関係式がある．

$$\Delta G = \Delta G° + RT \ln K \tag{11.19}$$

ここで，K は電池反応の反応比，すなわち亜鉛-銅電池の場合には，

$$K = \frac{[Zn^{2+}]}{[Cu^{2+}]} \tag{11.20}$$

になる．この式に $\Delta G = -nFE$ を代入すれば，

$$E = E° - \frac{RT}{nF} \ln K \tag{11.21}$$

ここで，R はモル気体定数，T は絶対温度，$E°$ は標準起電力である．

$E = 0$ の場合を考えてみよう．これは電池反応が平衡にある状態，すなわち外部回路に電流が流れなくなった状態である．この場合には，

$$E° = \frac{RT}{nF} \ln K \tag{11.22}$$

となる．この式は何を意味しているのであろうか．もう一度，亜鉛-銅電池を例として考えてみる．亜鉛-銅電池には，

$$Zn(s) + CuSO_4(aq) \rightleftharpoons ZnSO_4(aq) + Cu(s) \tag{11.23}$$

$$K = \frac{[ZnSO_4]}{[CuSO_4]} = \frac{[Zn^{2+}]}{[Cu^{2+}]} \tag{11.24}$$

$$E° = 0.340 - (-0.763) = 1.103 \text{ V} \tag{11.25}$$

という関係式があることがわかっている．これらを，

$$E° = \frac{RT}{nF} \ln K \tag{11.26}$$

に代入すると，

$$1.103 = \frac{RT}{2 \times F} \ln \frac{[Zn^{2+}]}{[Cu^{2+}]} \tag{11.27}$$

になる．25℃における RT/F は 0.025 7V であるから，

$$\ln \frac{[Zn^{2+}]}{[Cu^{2+}]} = \frac{2 \times (1.103 \text{ V})}{0.025 \text{ 7V}} = 85.8 \tag{11.28}$$

となり，結局，

$$\frac{[Zn^{2+}]}{[Cu^{2+}]} = 1.9 \times 10^{37} \tag{11.29}$$

という値が得られる．この値は，亜鉛-銅電池においては圧倒的に平衡が右に偏っていることを意味している．

この計算結果は，単に電池の平衡定数を求める方法を示しただけではない．標準電極電位の表から F を求めることによって，一般的な酸化–還元反応の平衡定数が求まるという非常に重要なことがわかったのである．

11.7 電気化学系列

平衡定数を求めてわかったように，$E°$ が正の場合にはその電池反応は自発的に起こる．ここで自発的に起こるという意味は，陽極にある還元状態の化学種（たとえば亜鉛）が酸化されて，陰極にある酸化状態の化学種（たとえば Cu^{2+}）を還元するという意味である．このことから，標準電極電位の負の値が大きいものほど酸化されやすく，標準電極電位の正の値が大きいものほど還元されやすいという傾向があることがわかる．これから，次のような金属の陽電性の尺度となる電気化学系列（electrochemical series）がつくられた．

K Ca Na Mg Al Zn Cr Fe Ni Sn Pb H_2 Cu Hg Ag Pt Au

酸化力：小 ←—————————————————————————→ 大
還元力：大 ←—————————————————————————→ 小

電気化学系列を用いれば，金属イオンが溶液中に溶けている場合，そのイオンを別の金属を加えることによって還元して析出できるのか，あるいは逆に，ある金属を，別の金属イオンが溶けている溶液で酸化して溶かすことができるのかといったことがわかる．

11.8 標準モルギブズ関数

今までに $\Delta G = -nFE$ という関係式を求めている．ここで標準モルギブズ関数（Gibbs function）$\Delta G_m°$ を考えると，

$$\Delta G_m° = -nFE° \tag{11.30}$$

であり，$E°$ がわかれば $\Delta G_m°$ の値が求まることになる．再び亜鉛–銅電池を例として考えてみよう．標準モルギブズ関数は 11.6 で求めている．

$$Zn(s) + CuSO_4(aq) \longrightarrow ZnSO_4(aq) + Cu(s) \tag{11.31}$$

$$E° = 1.103 \text{ V} \tag{11.32}$$

この反応では，$n=2$ であるから，

$$\begin{aligned}\Delta G_m° &= -2 \times (9.649 \times 10^4 \text{ C mol}^{-1}) \times (1.103 \text{ V}) \\ &= -2.129 \times 10^5 \text{ CV mol}^{-1} \\ &= -212.9 \text{ kJ mol}^{-1}\end{aligned} \tag{11.33}$$

ということになる．このように電気化学の手法を用いることにより，平衡定数以外にも，熱力学的に重要な値を手に入れることができる．

11.9 実用電池

現在われわれが使っている電池は，どのような構成になっているのであろうか．実用化されるからにはそれなりの利点があるはずである．その利点とは，一定の電圧を長期間にわたって供給し続けること，その間に電圧の変動が最小であること，重量あたりの電気容量が大きいこと，過酷な使用に耐えることができること，たとえば振動や高温に対しても性能を維持できることなどがある．これらの問題を解決しているのが，現在市販されている電池である．

その電池にも大きく分けて2種類ある．一つは，一般に使われている電池，1次電池（primary battery）である．これは使用した結果，起電力がなくなってしまう電池であり，乾電池と呼ばれているものがこれに当たる．一方，使用することによって起電力が落ちても，外から電流を送り込むことによって起電力を戻すことができる電池がある．これを2次電池（secondary battery）といい，蓄電池と呼ばれるものである．自動車などで使われているバッテリーがその身近な例である．

a．1次電池

1次電池の代表的なものにはマンガン乾電池がある．その構成は以下のようになっている．

$$Zn(s) | NH_4Cl(aq) | MnO_2(s), C \tag{11.34}$$

この構成からわかるように，

負極：

$$Zn \longrightarrow Zn^{2+} + 2e^- \tag{11.35}$$

正極：

$$2MnO_2 + H_2O + 2e^- \longrightarrow Mn_2O_3 + 2OH^- \tag{11.36}$$

となっている．また，実際の構造図を図11.4に示す．

最近は水銀電池がよく使われるようになっている．その理由は，機器の小型化による．いろいろな大きさのものがあるが，いずれもきわめて小さく，過酷な使用に耐えるのが特徴である．構成は以下のようになっている．

$$Zn(s) | KOH(aq) | HgO(s), Ni \tag{11.37}$$

この構成から，負極と正極は以下のようであり，構造は図11.5のようになっている．

負極：

$$Zn \longrightarrow Zn^{2+} + 2e^- \tag{11.38}$$

正極：

$$HgO + H_2O + 2e^- \longrightarrow Hg + 2OH^- \tag{11.39}$$

b．2次電池

2次電池の代表的なものには鉛蓄電池やアルカリ蓄電池などがある．ここでは鉛蓄電池の構造と負極と正極の構成を示す．もっとも，1次電池と異なり，反応は放電時と充電時の両方を示す必要がある．

11.9 実用電池

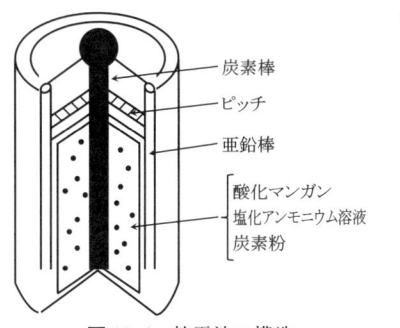

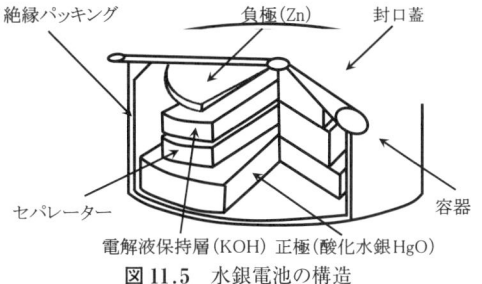

図 11.4 乾電池の構造

図 11.5 水銀電池の構造

放電時は,
負極:
$$Pb + SO_4^{2-} \longrightarrow PbSO_4 + 2e^- \tag{11.40}$$
正極:
$$PbO_2 + 4H^+ + SO_4^{2-} + 2e^- \longrightarrow PbSO_4 + 2H_2O \tag{11.41}$$
充電時は,
負極:
$$PbSO_4 + 2H^+ + 2e^- \longrightarrow Pb + H_2SO_4 \tag{11.42}$$
正極:
$$PbSO_4 + SO_4^{2-} + 2H_2O \longrightarrow PbO_2 + 2H_2SO_4 + 2e^- \tag{11.43}$$
となっている.

　放電時の反応からわかるように,放電によって硫酸の濃度が減少する.蓄電池は充電することでその寿命が長いとはいうものの,しだいに充電されにくくなる.その寿命を知る方法が,硫酸の濃度である.ガソリンスタンドなどで自動車のバッテリーを交換する必要があるといわれた経験があるかもしれないが,それは一定値よりも硫酸の濃度が低くなっていたためである.

練習問題

11.1 次の化合物中の各元素の酸化数を決定せよ.
NaCl, Na_2CO_3, H_2SO_4, H_2O, H_2O_2, HNO_3, HBr, $K_2Cr_2O_7$

11.2 次の電池で起こる反応の反応式(負極,正極ならびに反応の全体式)を示せ.
① Ag | AgCl(s) | KCl(aq) | Hg_2Cl_2(s) | Pt
② Pt | $Fe(CN)_6^{4-}$, $Fe(CN)_6^{3-}$ | I^- | I_2, Pt
③ Pt | Sn^{2+}, Sn^{4+} | Fe^{3+}, Fe^{2+} | Pt

11.3 次の化学反応が起こる電池を描け.
① $Zn + Br_2 \rightleftharpoons ZnBr_2$(aq)
② $2FeCl_2$(aq) $+ Cl_2$(g) $\rightleftharpoons 2FeCl_3$(aq)
③ $H_2 + Cl_2 \rightleftharpoons 2HCl$(aq)

11.4 Pt | $FeCl_2$(aq), $FeCl_3$(aq) | Cl_2 | Pt の電池の25℃における標準起電力を求めよ.

11.5 $Mg + Cu^{2+} \rightleftharpoons Mg^{2+} + Cu$ の25℃における平衡定数を求めよ.

11.6 $Pb|Pb^{2+}\|Hg^{2+}|Hg$ の電池において起きる化学反応の，25℃における標準モルギブズエネルギー変化を求めよ．

COLUMN

燃 料 電 池

　燃料電池は，基本的には水の電気分解の逆反応である．水素と酸素を反応させて電力を取り出す．概念図を図 11.6 に示す．反応で生じるのは水である．変換効率が高く，環境に優しい電池ということで非常に関心を集め，開発が急がれている．用いられる電気化学反応や電解質の種類などによって燃料電池はいくつかの種類があるが，現在は固体高分子形燃料電池の開発が盛んで，携帯機器，燃料電池自動車などへの応用が期待されている．

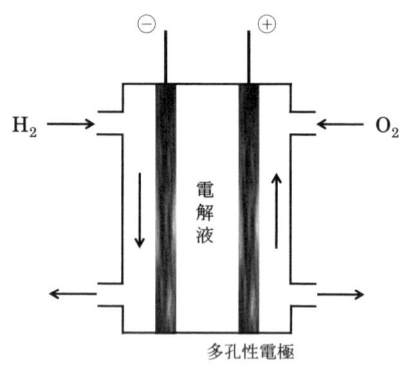

図 11.6　水素燃料電池の概念図

12. 反応速度

　金属が錆びる現象や酒が腐敗して酢酸になる変化などはゆっくりと進行するが，酸とアルカリの中和反応や火薬の爆発などは瞬間的に反応が完結する．また，酸素と水素の混合気体を室温に放置したままではいつまでも反応しないが，触媒として白金や鉛の粉を入れると，爆発的に反応が起こり水が生成する．このように化学反応の速度は，非常にゆっくり進むものから瞬間的に起こるものまでいろいろある．化学熱力学では，反応前後における自由エネルギー差や化学平衡の値を知ることができるが，反応の速度を知ることはできない．反応速度を決める因子は何なのであろうか．

　反応速度に影響を与える因子として，系の化学組成あるいは濃度，温度，圧力，触媒や物質の状態などがあげられる．特に，温度は反応速度を大きく左右する因子である．反応系に特有な定数として，反応速度定数や活性化エネルギーがある．これらは個々の系の化学変化の道筋を理論的，あるいは実験的に求める上で大切な値である．反応速度は反応の機構を解明する上でも欠くことのできないものである．

　ここでは，自由エネルギー差，化学平衡とともに重要な反応速度を学ぶ．これらを理解することで，なぜ化学反応が起きるのかが理解できる．

12.1　反応速度の表し方

　化学反応速度は，単位時間あたりの反応物質あるいは生成物質の濃度変化で表す．濃度の単位は mol L^{-1} で表されることが多いので，反応速度の単位は mol L^{-1}s^{-1} となる．

　物質 A から物質 B ができる反応で，図 12.1 の曲線 a および b は，いろいろな時刻における反応物質 A および生成物質 B の濃度を測定した結果である．反応の進行とともに反応物質が消費され，生成物質が増大する．任意の時刻 M における反応物質と生成物質濃度が [A] および [B] であるとすると，反応物質の消費速度 v_A は，

$$v_A = -\frac{d[A]}{dt} \tag{12.1}$$

であり，生成物質 B の生成速度 v_B は，

$$v_B = \frac{d[B]}{dt} \tag{12.2}$$

になる．

　したがって，反応物質 A が 1 分子消費されたとき，生成物質 B が 1 分子生成す

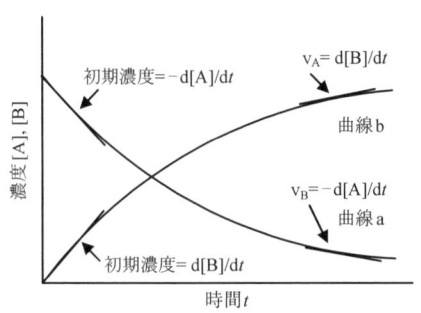

図12.1 反応物質Aと生成物質Bの濃度変化

る反応の場合，下記の関係になる．

$$v_A = -\frac{d[A]}{dt} = \frac{d[B]}{dt} = v_B \tag{12.3}$$

12.2 反応次数

　反応速度は，一般に反応物質の濃度によって変化する．実際に既知の濃度で実験を行って，濃度と反応速度の関係を表す式を求める．このようにして求めた式を，速度式（rate equation）といい，下の式で表される．

$$v = k[A]^a[B]^b \tag{12.4}$$

ここでkは速度係数（rate coefficient）といい，一定温度では物質の濃度に無関係な定数である．速度式の中で濃度の肩につけたべき数を反応次数（order of reaction）といい，物質Aについてa次，物質Bについてb次，全体として，$(a+b)$次反応という．反応次数は実験によって求められるものであり，化学反応式からは推察できない．

　反応次数は正の整数とは限らず，0，負数，あるいは分数のこともある．たとえば，五酸化二窒素が気相中あるいは不活性溶媒中に溶存している場合，室温で酸素および二酸化窒素（または四酸化二窒素）に分解する．

$$2N_2O_5 \longrightarrow 4NO_2 + O_2, \quad v = k[N_2O_5] \tag{12.5}$$

2分子の五酸化二窒素分子の衝突によって反応が起こると考えられ，この化学反応式から，反応速度は$[N_2O_5]^2$に比例し2次と思われるが，実験的にはこの反応の次数は五酸化二窒素について1次である．化学反応式からはわからない，複雑な反応経路で反応が進行していると思われる．

　水素とヨウ素との反応は，次式で表される．

$$H_2 + I_2 \longrightarrow 2HI, \quad v = k[H_2][I_2] \tag{12.6}$$

　実際に実験を行うと，反応次数は水素に関して1次，ヨウ素について1次，全体として2次となる．このように，化学量論的方程式から求めた結果とも一致することもある．しかし，反応式からは単純な反応である，

$$H_2 + Br_2 \longrightarrow 2HBr \tag{12.7}$$

という反応も，実際は複雑な機構に従って起こるため，2次反応とはならない．このように，反応分子数で簡単に次数を表すことはできない．

では，化学反応の反応次数を知るにはどうすればよいのであろうか．実際には種々の濃度下で反応を行い，1次反応式，2次反応式，あるいはそれより複雑な反応式に当てはめて，反応速度に対して一定の反応速度定数が求まる式がいずれかを調べて，反応次数を決定する．そのためには，1次反応（first-order reaction）や2次反応（second-order reaction）がどのようなものかを知る必要がある．

ここでは1次反応を説明するにとどめるが，しっかりと理解してもらいたい．

12.3　1　次　反　応

反応速度式は，反応物質または生成物質の一部を一定時間ごとに反応系から取り出し，その変化量を定量する直接法か，物質の濃度を間接的に測定する間接法で決定する．一般的には，初濃度をいろいろ変えて実験を繰り返すことによって，速度式の形を求める．反応が簡単な次数をもつ場合には，次数を決定し，続いて速度定数を求める．

1次反応の反応速度式は，

$$\text{反応物質 A} \longrightarrow \text{生成物} \tag{12.8}$$

で表される．反応速度は物質の濃度に比例するので，1次反応に対しては，

$$-\frac{d[A]}{dt} = k_1[A] \tag{12.9}$$

となる．変数を分離すると，

$$\frac{d[A]}{[A]} = -k_1 dt \tag{12.10}$$

となり，これを積分して，

$$\ln\frac{[A]}{[A]_0} = -k_1 t \tag{12.11}$$

$$[A] = [A]_0 e^{-k_1 t} \tag{12.12}$$

が得られる．ここで，$[A]_0$ は A の初濃度（$t=0$ のときの濃度）である．このように1次反応では，反応物質の濃度は時間とともに指数関数的に減少する．反応の始まり（$t=0$）での A の濃度を a，生成物質濃度を 0，時間 t を経過したときの生成物質濃度を x とし，常用対数を用いて，

$$\log(a-x) = \log a - \frac{k_1}{2.303}t \tag{12.13}$$

と書き換えられる．反応が1次反応に従うならば，$\log(a-x)$ と t とが直線関係にあって，その直線の傾きは $-k_1/2.303$ に等しく，縦軸の切片は $\log a$ となる．その関係を示したのが図 12.2 である．

逆にいえば，直線関係であることがわかれば1次反応といえる．速度定数は，

図 12.2 1 次反応

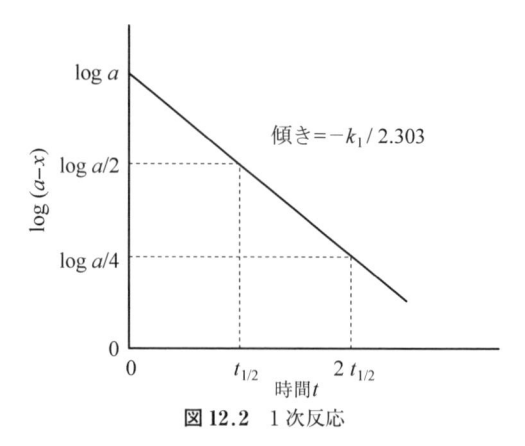

$$k_1 = \frac{2.303}{t}\log\frac{a}{a-x} \tag{12.14}$$

により求める.

また，1 次に従うなら，実験から求めた k_1 の値は反応が進行しても変化しないはずである．このようにして反応が 1 次に従うことがわかれば，A がどんな濃度であっても k_1 の値を示せば速度が表せ，A の濃度の時間依存性がわかる．もし変化するようであれば，別の反応次数について調べなければならない．1 次反応の速度定数の次元は［時間］$^{-1}$ で，濃度の単位に無関係であり，国際単位系（SI 単位）は s^{-1} である．

反応物質 A が半分になるまでの時間を半減期（half life）といい，1 半減期では反応物質の 50％が残存し，2 半減期には 25％となる．$x = a/2$ とおき，1 半減期を $t_{1/2}$ とおくと，

$$t_{1/2} = \frac{1}{k_1}\ln 2 = \frac{0.693}{k_1} \tag{12.15}$$

の関係が得られる．注目すべきことは，1 次反応の半減期がその初濃度に依存しないことである．

1 次反応の例としては，五酸化二窒素の熱分解，ベンゼンジアゾニウム塩の分解や酸性溶液中での酢酸メチルの加水分解反応などがある．特に，酢酸メチルの加水分解反応の場合には，

$$CH_3COOCH_3 + H_2O \longrightarrow CH_3COOH + CH_3OH \tag{12.16}$$

となり，化学反応式からはこの反応速度は 2 次反応として，

$$v = k_1[CH_3COOCH_3][H_2O] \tag{12.17}$$

と書きそうであるが，$[H_2O]$ は $[CH_3COOCH_3]$ に対して多量にあり，反応が進んでも $[H_2O]$ は変化しないで一定と見なすことができるので，

$$v = k_1[CH_3COOCH_3] \tag{12.18}$$

となる．このように，一般に加水分解反応速度は反応物質の濃度だけに依存することになる．

このような反応を擬1次反応（pseudo first-order reaction）といい，溶液中でよくみられる．

複雑な反応になれば，2次反応や3次反応が考えられる．ここでは詳しくは述べないが，1次反応では半減期が初期濃度に関係しないのに対し，2次反応以上では初期濃度と半減期に相関がある．すなわち，初期濃度によって半減期が変わる．この点が大きな違いである．

12.4 反応速度と温度

反応速度を左右する最も重要な因子は温度である．一般に反応速度は温度が上がると速くなることが知られている．1889年，Arrhenius は速度定数と温度との関係を表す次の実験式を見出した．

$$\frac{d\ln k}{dT} = \frac{E_a}{RT^2} \tag{12.19}$$

この式をアレニウスの式（Arrhenius equation）という．この式は，平衡定数の温度依存性を表す式と同じ形であり，ほとんどの化学反応の実測の速度定数は，アレニウスの式に従うことがわかっている．ここで，E_a は活性化エネルギー（activation energy）という．その SI 単位は $J\ mol^{-1}$ であり，通常の化学反応の E_a は $40 \sim 210\ kJ\ mol^{-1}$ 程度である．E_a は温度によらないとして，式（12.19）を積分すると，

$$\ln k = \ln A - \frac{E_a}{RT} \tag{12.20}$$

となり，速度定数の対数を絶対温度の逆数に対してプロットすれば直線になる．この式を指数関数形に書き直すと，

$$k = A e^{-E_a/RT} \tag{12.21}$$

を得る．ここで，A を頻度因子（frequency factor）と呼び，分子が反応する確率を意味する．単位は速度定数と同じなので，濃度の単位，反応の次数で異なる．1次反応では s^{-1}，2次反応では $mol\ L^{-1}\ s^{-1}$ である．速度定数は，式に示されるように温度の上昇とともに急速に増大する．一般的に，温度が 10℃ 上昇するごとに反応速度は数倍増加する．表 12.1 に，ヨウ化水素の熱分解の速度定数と温度との関係を示す．上下の温度差は 225 K であるが，速度定数は 10^5 倍異なる．すなわち，556 K で 2 か月かかる反応が，781 K ではおよそ 1 分で終わることになる．

ある温度 T_1 と T_2 における速度定数をそれぞれ k_1, k_2 とすると，式（12.21）から次の式が得られる．

$$\log \frac{k_2}{k_1} = \frac{E_a}{2.303\ R} \frac{T_2 - T_1}{T_1 T_2} \tag{12.22}$$

この式から 2 つの温度での速度定数を測定することにより，E_a を求めることができる．また，種々の温度での速度定数の対数を絶対温度の逆数に対してプロットし，その直線の傾きから E_a を求めることができる．$\ln k$ に対する $1/T$ のプ

表 12.1 ヨウ化水素から水素と
　　　　ヨウ素が発生する温度
　　　　と速度

反応温度/K	速度定数/L mol^{-1} s^{-1}
556	3.52×10^{-7}
575	1.22×10^{-6}
647	8.59×10^{-5}
683	5.12×10^{-4}
700	1.16×10^{-3}
781	3.96×10^{-2}

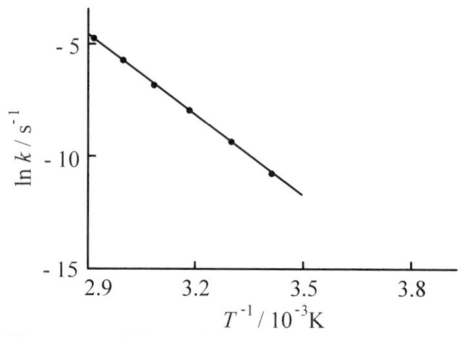

図 12.3 五酸化二窒素分解反応における反応速度

ロットをアレニウスプロット（Arrhenius plot）といい，直線の傾きが$-E_a/R$を与え，$1/T=0$の切片が$\ln A$を与える．

活性化エネルギーE_aと頻度因子Aは，化学反応を知る上で重要な因子なので，このような求め方を覚えておくことは重要である．実際に求めてみよう．

今，五酸化二窒素が分解する反応を考える．種々の温度における反応速度は以下のとおりである．

T/K　　　　　：　293　　303　　313　　323　　333　　343
$k_1/10^{-4}$ s^{-1}：　0.179　0.664　2.72　8.67　29.2　78.2

このデータから$1/T$と$\ln k_1$を計算すると，下記のようになる．

$T^{-1}/10^{-3}$K：　3.41　　3.30　　3.19　　3.10　　3.00　　2.92
$\ln k_1/$s^{-1}　：-10.93　-9.62　-8.21　-7.05　-5.83　-4.85

この$1/T$と$\ln k_1$をプロットしたものが図12.3である．この直線の傾きと切片から活性化エネルギーE_aと頻度因子Aが求められる．すなわち，傾き$-E_a/R$は-12400 Kで，E_aは103 kJ mol^{-1}となる．また，図から切片を読み取ることで，$\ln A$が求まり，Aは3.96×10^{13} s^{-1}という値が得られる．

12.5 触　媒

化学反応系の中に比較的少量存在し，反応全体として消費されることなく，反応速度を変化させる物質を触媒（catalyst）といい，その作用を触媒作用（catalysis）という．触媒になる物質はH$^+$やOH$^-$のように単純なものから，酵素のような複雑なものまで多種多様である．反応速度を速めるものを正触媒といい，逆に反応を遅らせるものを負触媒という．触媒は反応系の活性化エネルギーを変化させる（図12.4）かあるいは頻度因子を変える働きをする（図12.5）．

触媒を用いる反応には，大きく分けて均一触媒反応（homogeneous catalytic reaction）と不均一触媒反応（heterogeneous catalytic reaction）とがある．均一反応では，反応物質が液相であれば触媒も液相で，均一な相で反応が進む．これに対して不均一反応では，反応物質が気相であれば，触媒は液相あるいは固相で，

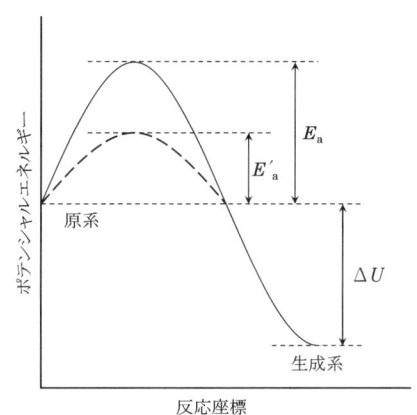

図 12.4 無触媒反応と触媒反応の活性化エネルギー（E_a'：あり，E_a：なし）

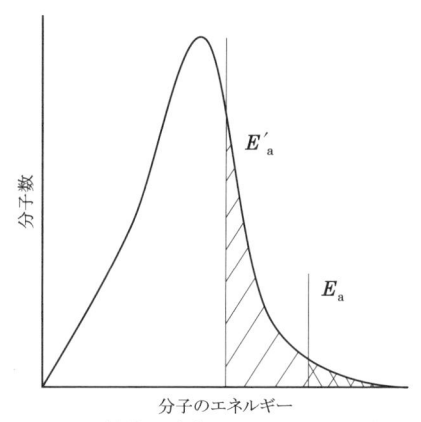

図 12.5 触媒の有無による分子のエネルギー分布（E_a'：あり，E_a：なし）

表 12.2 不均一触媒

種類	例	機能
金属	Fe, Ni, Pb, Pt, Ag	水素化，酸化，脱水素
半導体酸化物	ZnO, MnO_2, Cr_2O_3	水素化，脱水素，脱硫
酸化絶縁体	Al_2O_3, SiO_2, MgO	脱水

不均一な状態で反応が進む．このほかに，生体内での化学反応に対して重要な役割を果たしている酵素触媒反応（enzyme-catalyzed reaction）がある．不均一触媒の種類と機能などを表 12.2 に示す．

均一触媒反応では，気相や固相の反応系は比較的少なく，液相反応が重要である．均一反応では，触媒は途中で反応物質と中間生成物をつくり，最後に再生されることが多い．このとき，触媒のない場合とは異なる反応経路を辿り，活性化エネルギーが低下するため，反応速度が増加する．たとえば，塩酸や硫酸などの水溶液中で，H^+ が糖の転化反応やカルボン酸エステルの加水分解の触媒となる．一般に，触媒活性は不均一触媒に比べて低いが，選択率が高いのが特徴である．

一方，不均一触媒反応の多くは，気相あるいは液相中で固体触媒の表面に反応分子が配位または吸着し，触媒表面で反応が進行する．このような反応を接触触媒反応（contact catalytic reaction）といい，工業的にも重要な役割を果たしている．触媒として金属および金属酸化物などが用いられ，遷移金属は水素と炭化水素とに高い触媒活性をもつので，還元反応に対して多く用いられている．

練習問題

12.1 ある物質の分解反応で，30%が分解するのに 150 秒かかった．この物質の 60%が分解するのに要する時間はいくらか．1 次反応として求めよ．

12.2 1 次反応 A → P の半減期は 20 分である．60 分後に残っている物質 A の割合を%で求めよ．

12.3 ある1次反応が20%進行するのに，300 K で 10.5 分，350 K で 2.2 分かかった．この反応の活性化エネルギー E_a を求めよ．

12.4 活性化エネルギー E_a 169 kJ mol^{-1} の反応速度は，温度が 25℃ から 35℃ まで上がると何倍になるか．

12.5 ある1次反応の活性化エネルギー E_a が 156 kJ mol^{-1} であり，$k = A \exp(-E_a/RT)$ と表したときの A の値が 4.60×10^{13} s^{-1} であった．半減期が 120 秒となる温度を求めよ．

12.6 ある1次分解反応は，15℃ で 60 分で 10%，同じ時間に 25℃ で 30% が分解した．
① この反応の活性化エネルギー E_a を求めよ．
② 30℃ では 60 分で何%が分解するか．
③ 30℃ で 80%が分解する時間を求めよ．

COLUMN

光 触 媒

　光触媒は，近年よく話題になる触媒である．光を照射することで触媒作用を引き起こす物質の総称である．代表的な物質は酸化チタン（TiO_2）である．この触媒作用は強く，粉末状の酸化チタンを水に入れ，光を照射することで水を水素と酸素に分解できる．現在，この分解効率の向上のための研究が盛んに行われている．究極的には太陽の光エネルギーで水を分解し，水素を得ることができる．この水素を燃料電池に用いれば，ほぼ無限なエネルギーを獲得できることになる．実用化はまだずっと先のことであると思うが，夢のある研究である．

　酸化チタンの利用は盛んになっている．たとえば，サッシや壁などに塗っておくと汚れがつきにくい．これは酸化チタンが光を吸収して強い酸化力を生じ，有機物を分解するためである．また，超浸水作用があることも知られ，ガラスに塗っておくと水滴がつかずに流れ落ちる．自動車のバックミラーなどに用いられている．このように，いろいろな分野で光触媒が役に立っている．光触媒の利用はこれからも拡大すると考えられる．

練習問題解答

【第1章】

1.1 ① $\text{kg m}^2 \text{ s}^{-2}$
② $\text{kg m}^2 \text{ s}^{-3}$
③ $\text{kg}^{-1} \text{ m}^{-2} \text{ A}^2 \text{ s}^4$
④ $\text{kg m}^2 \text{ A}^{-2} \text{ s}^{-3}$
⑤ $\text{kg A}^{-1} \text{ s}^{-2}$
⑥ cd sr m^{-2}
⑦ $\text{m}^2 \text{ s}^{-2}$

1.2 ① $8.314 \text{ kg m}^2 \text{ s}^{-2} \text{ K}^{-1} \text{ mol}^{-1}$
② $9.649 \times 10^4 \text{ A s mol}^{-1}$
③ $1.380 \times 10^{-23} \text{ kg m}^2 \text{ s}^{-2} \text{ K}^{-1}$
④ $6.626 \times 10^{-34} \text{ kg m}^2 \text{ s}^{-1}$

1.3 kg, s, K

【第2章】

2.1 $\dfrac{1}{\mu} = \dfrac{1}{m_e} + \dfrac{1}{m_p}$ から $\mu = 9.1044 \times 10^{-31} \text{ kg}$

この値が電子質量に近い値であることに注意せよ。

2.2 $1.602 \times 10^{-19} \text{ C} \times 6.022 \times 10^{23} \text{ mol}^{-1} = 9.647 \times 10^4 \text{ C mol}^{-1} \approx 9.65 \times 10^4 \text{ C mol}^{-1}$

2.3 $E = h\nu = \dfrac{hc}{\lambda} = \dfrac{(6.626 \times 10^{-34} \text{ J s}) \times (2.998 \times 10^8 \text{ m s}^{-1})}{(365 \times 10^{-9} \text{ m})} = 5.44 \times 10^{-19} \text{ J}$

2.4 $1 \text{ J} = 1 \text{ CV}$ であるから $E = (1.602 \times 10^{-19}) \times (10^5) = 1.602 \times 10^{-14} \text{ J} = \dfrac{1}{2} m v^2$

陽子の質量は $1.673 \times 10^{-27} \text{ kg}$ であるから、

$$v = \sqrt{\dfrac{2 \times 1.602 \times 10^{-14}}{1.673 \times 10^{-27}}}$$

$= 4.376 \times 10^6 \text{ m s}^{-1}$

ド・ブロイの関係式から

$$\lambda = \dfrac{h}{mv} = \dfrac{6.626 \times 10^{-34}}{(1.673 \times 10^{-27}) \times (4.376 \times 10^6)}$$

$= 9.05 \times 10^{-14} \text{ m}$

2.5 $\dfrac{1}{\lambda} = R\left(\dfrac{1}{n_1^2} - \dfrac{1}{n_2^2}\right)$ ($n_1 = 2$, $n_2 = 3$ を代入すると $\lambda = 656.3 \text{ nm}$,

($n_1 = 2$, $n_2 = \infty$ を代入すると $\lambda = 364.6 \text{ nm}$)

2.6 m_e, e, ε_0, c, h に与えられた定数を代入すると $R_\infty = 1.097\,373 \times 10^7 \text{ m}^{-1}$

2.7 $E_n = -\dfrac{m_e e^4}{8\varepsilon_0^2 h^2} \times \dfrac{1}{n^2}$ ($n = 1, 2, \cdots$)

$n = 1 \quad -13.6 \text{ eV}$

$n=2 \quad -3.4\,\mathrm{eV}$

$n=3 \quad -1.51\,\mathrm{eV}$

$n=4 \quad -0.85\,\mathrm{eV}$

2.8 $E=h\nu \quad \nu=\dfrac{E}{h}=\dfrac{13.6\,\mathrm{eV}}{6.626\times10^{-34}\,\mathrm{J\,s}}=\dfrac{2.179\times10^{-18}\,\mathrm{J}}{6.626\times10^{-34}\,\mathrm{J\,s}}$

$\qquad = 3.290\times10^{15}\,\mathrm{s}^{-1}$

$\lambda=\dfrac{c}{\nu}=\dfrac{2.998\times10^{8}}{3.290\times10^{15}}=9.112\times10^{-8} \quad \lambda=91.1\,\mathrm{nm}$

2.9 波動関数 $\varphi(x)$ は2回微分の演算子を考えると，2回微分がもとの関数に戻る三角関数を一般解とすればよい．つまり2階微分方程式 $f''(x)+\alpha f(x)=0$ の一般解は A, B を任意の定数として $f(x)=A\sin\sqrt{\alpha}x+B\cos\sqrt{\alpha}x$ とあらわされる．

2.10 1次元井戸型ポテンシャルにおける境界条件 $\psi(0)=0$ から $B=0$，ゆえに波動関数は

$\varphi(x)=A\sin\sqrt{\dfrac{8\pi^{2}m_{e}E}{h^{2}}}\,x$ とあらわされる．

$x=l$ で波動関数は 0 となる境界条件 $\psi(l)=0$ から $\sqrt{\dfrac{8\pi^{2}m_{e}E}{h^{2}}}\,l=n\pi$

規格化条件から

$\displaystyle\int_{0}^{l}\varphi(x)^{2}\,\mathrm{d}x=1$

ゆえに $A^{2}\displaystyle\int_{0}^{l}\sin^{2}\dfrac{n\pi}{l}x\,\mathrm{d}x=1$

三角関数の倍角公式 $\sin^{2}x=\dfrac{1}{2}(1-\cos 2x)$ を用い，$\cos$ 関数に変換して積分すると，$\dfrac{A^{2}}{2}l=1$

ゆえに $A=\sqrt{\dfrac{2}{l}}$

2.11 動径分布関数の導関数 $D(r)'$ が，$r=a_{0}$（ボーア半径）で 0 になることを示せばよい．

$D(r)=4\pi r^{2}|R(r)|^{2}=4\pi r^{2}\left\{2\left(\dfrac{1}{a_{0}}\right)^{\frac{3}{2}}e^{-\frac{r}{a_{0}}}\right\}^{2}$

$D(r)'=\dfrac{16\pi}{a_{0}^{3}}\left[2re^{-\frac{2r}{a_{0}}}-\dfrac{2r^{2}}{a_{0}}e^{-\frac{2r}{a_{0}}}\right]=0 \quad \therefore \dfrac{32\pi}{a_{0}^{3}}e^{-\frac{2r}{a_{0}}}r\left(1-\dfrac{r}{a_{0}}\right)=0 \quad r>0\text{ だから} \quad r=a_{0}$

2.12 水素原子の 1s 軌道のエネルギー固有値は，$E_{1}=-\dfrac{m_{e}e^{4}}{8\varepsilon_{0}^{2}h^{2}}$（$=-13.6\,\mathrm{eV}$）であり，水素類似原子の 1s 軌道のエネルギー固有値は，$E_{1}=-\dfrac{m_{e}Z^{2}e^{4}}{8\varepsilon_{0}^{2}h^{2}}$ となる．エネルギー固有値が，中心の原子核の電荷 Z の 2 乗に比例している．したがって，ヘリウムイオンの 1s 軌道のエネルギー固有値は，水素原子の場合の 4（$=2^{2}$）倍であることがわかる．

　一方，ヘリウム原子においては，1つの電子がもう1つの電子を遮蔽しているとすると，原子核の電荷 Z は $+1$ と $+2$ の間にあると考えると近似的に水素類似原子とみなすことができ，そのエネルギー固有値は $E_{1}=-\dfrac{m_{e}Z'^{2}e^{4}}{8\varepsilon_{0}^{2}h^{2}}$ と書くことができる．したがって，

$Z'=\sqrt{\dfrac{39.5}{13.6}}=1.7 \quad Z'=1.7$

2.13 ① 原子番号が増加すると，有効核電荷が増加し最外殻電子がより強くクーロン力で束縛される．希

ガスで閉殻構造になり最安定になるのでイオン化エネルギーが最大となる．
② 第 n 周期が終わるところで閉殻構造をとり，内殻電子は完全に核の正電荷を遮蔽する．第 $n+1$ 周期へ移るアルカリ金属の最外殻電子は原子核の束縛が急激に減少する．
③ p 軌道は s 軌道に比べて原子核の束縛は小さいので，s 軌道が満たされたあと p 軌道に移るところで，イオン化エネルギーは減少する．
④ N と P では，フント則にしたがって，3 重縮退した p 軌道に電子がスピンを同じ向きに入る．O と $_{16}$S では，さらに 1 つの電子を電子間反発に逆らって入れることになるので，この電子は解離しやすくなりイオン化ポテンシャルが減少する．

【第 3 章】

3.1 $H_{11}=H_{22}=\alpha$, $H_{12}=H_{21}=\beta$, $S_{11}=S_{22}=1$ $S_{12}=S_{21}=S$ とおくと，

$$\begin{vmatrix} \alpha-E & \beta-ES \\ \beta-ES & \alpha-E \end{vmatrix}=0$$

$(\alpha-E)^2-(\beta-ES)^2=0$ これは E に関する 2 次方程式となるので，これを解くと E は式 (3.13) の 2 つの解をもつ．

ヒント：$x^2-y^2=(x+y)(x-y)$ の因数分解を利用する．

3.2

	H_2^+	H_2	He_2^+	He_2
電子数	1	2	3	4
電子配置	σ	σ^2	$\sigma^2\sigma^*$	$\sigma^2\sigma^{*2}$
結合次数	1/2	1	1/2	0
磁性	あり	なし	あり	—
結合距離（Å）	1.06	0.74	1.08	安定には存在しない
解離エネルギー（eV）	2.64	4.47	2.60	—

H_2^+ と He_2^+ は結合次数がほぼ等しく，実際に結合距離や解離エネルギーはかなり似通っていることに注意してほしい．

3.3

		↑↓
↑　↑	↑↓ ↑↓	↑↓ ↑↓
↑↓	↑↓	↑↓
↑↓	↑↓	↑↓
↑↓	↑↓	↑↓
↑↓	↑↓	↑↓
B_2	C_2	N_2

3.4 3.3 の C_2 から電子を 1 つ取れば，C_2^+ イオンが生成し，電子を 1 つ入れれば C_2^- イオンが生成する．結合次数は C_2^+ イオンが 3/2，C_2 が 2（= 4/2），C_2^- イオンが 5/2 で結合はこの順で強くなる．)

3.5

両者の結合次数を比較する．

スーパーオキシドイオン O_2^- は左図の O_2 電子配置の一番上の縮退した π^* 軌道に，電子が1つ加わったイオンである．

結合次数は，O_2 が 2 （＝1/2 (6-2)），O_2^- が 3/2 （＝1/2 (6-3)）で，$O_2 > O_2^-$ であるから，結合距離は O_2^- の方が O_2 より長くなる．実際の結合距離は O_2：1.12Å，O_2^-：1.21Å

3.6 行列式 (3.30) を展開すると，$x^4 - 3x^2 + 1 = 0$ が得られる．この式は

$x^4 - 3x^2 + 1 = (x^4 - 2x^2 + 1) - x^2 = (x^2 - 1)^2 - x^2$

$= (x^2 + x - 1)(x^2 - x - 1) = 0$ と因数分解できるが，根の公式から直接解いてもよい．したがって，x として4つの解が求まる．$E = \alpha - x\beta$ に代入すると4つのエネルギー準位が求まる．

$$\begin{vmatrix} \alpha - E & \beta & 0 & 0 \\ \beta & \alpha - E & \beta & 0 \\ 0 & \beta & \alpha - E & \beta \\ 0 & 0 & \beta & \alpha - E \end{vmatrix} = 0$$

となる．両辺に $1/\beta$ を掛けると

$$\begin{vmatrix} (\alpha - E)/\beta & 1 & 0 & 0 \\ 1 & (\alpha - E)/\beta & 1 & 0 \\ 0 & 1 & (\alpha - E)/\beta & 1 \\ 0 & 0 & 1 & (\alpha - E)/\beta \end{vmatrix} = 0$$

$x = (\alpha - E)/\beta$ とおくと行列式は

$$\begin{vmatrix} x & 1 & 0 & 0 \\ 1 & x & 1 & 0 \\ 0 & 1 & x & 1 \\ 0 & 0 & 1 & x \end{vmatrix} = 0$$

となる．これを展開して

$$x \cdot \begin{vmatrix} x & 1 & 0 \\ 1 & x & 1 \\ 0 & 1 & x \end{vmatrix} - 1 \cdot \begin{vmatrix} 1 & 1 & 0 \\ 0 & x & 1 \\ 0 & 1 & x \end{vmatrix} + 0 \cdot \begin{vmatrix} 1 & x & 0 \\ 0 & 1 & 1 \\ 0 & 0 & x \end{vmatrix} - 0 \cdot \begin{vmatrix} 1 & x & 1 \\ 0 & 1 & x \\ 0 & 0 & 1 \end{vmatrix} = 0$$

$$x^2 \begin{vmatrix} x & 1 \\ 1 & x \end{vmatrix} - x \begin{vmatrix} 1 & 1 \\ 0 & x \end{vmatrix} - \begin{vmatrix} x & 1 \\ 1 & x \end{vmatrix} + \begin{vmatrix} 0 & 1 \\ 0 & x \end{vmatrix} = 0$$

$x^2(x^2 - 1) - x(x) - (x^2 - 1) + 0 = 0$

$x^4 - 3x^2 + 1 = (x^2 - 1)^2 - x^2$
$\qquad\qquad\quad = (x^2 + x - 1)(x^2 - x - 1)$
$\qquad\qquad\quad = 0$

$x = \dfrac{-1 \pm \sqrt{5}}{2}, \dfrac{1 \pm \sqrt{5}}{2}$

ϕ_4 —— $\varepsilon_4 = \alpha - 1.618\beta$ ⎱ 反結合性軌道
ϕ_3 —— $\varepsilon_3 = \alpha - 0.618\beta$ ⎰

ϕ_2 ⇅ $\varepsilon_2 = \alpha + 0.618\beta$ ⎱ 結合性軌道
ϕ_1 ⇅ $\varepsilon_1 = \alpha + 1.618\beta$ ⎰

したがって π 電子エネルギーは $2E_1 + 2E_2 = 4\alpha + 2\sqrt{5}\beta$

3.7
$$\begin{vmatrix} \alpha-E & \beta & 0 & \beta \\ \beta & \alpha-E & \beta & 0 \\ 0 & \beta & \alpha-E & \beta \\ \beta & 0 & \beta & \alpha-E \end{vmatrix} = 0$$

ここで，計算の便宜のため $x = (\alpha - E)/\beta$ と置くと

$$\begin{vmatrix} x & 1 & 0 & 1 \\ 1 & x & 1 & 0 \\ 0 & 1 & x & 1 \\ 1 & 0 & 1 & x \end{vmatrix} = 0$$

この行列式をブタジエンの場合と同じように展開すると，
$x^4 - 4x^2 = x^2(x^2 - 4) = x^2(x+2)(x-2) = 0$
$x = -2, 0, 0, +2$
$E = \alpha - 2\beta, \alpha(\text{二重縮退}), \alpha + 2\beta$
したがって，π電子エネルギーは $2(\alpha + 2\beta) + \alpha + \alpha = 4\alpha + 4\beta$ となり，ブタジエンより不安定であることがわかる．

3.8
$$\begin{vmatrix} \alpha-E & \beta & 0 & 0 & 0 & \beta \\ \beta & \alpha-E & \beta & 0 & 0 & 0 \\ 0 & \beta & \alpha-E & \beta & 0 & 0 \\ 0 & 0 & \beta & \alpha-E & \beta & 0 \\ 0 & 0 & 0 & \beta & \alpha-E & \beta \\ \beta & 0 & 0 & 0 & \beta & \alpha-E \end{vmatrix} = 0$$

ここで，計算の便宜のため $x = (\alpha - E)/\beta$ とおくと

$$\begin{vmatrix} x & 1 & 0 & 0 & 0 & 1 \\ 1 & x & 1 & 0 & 0 & 0 \\ 0 & 1 & x & 1 & 0 & 0 \\ 0 & 0 & 1 & x & 1 & 0 \\ 0 & 0 & 0 & 1 & x & 1 \\ 1 & 0 & 0 & 0 & 1 & x \end{vmatrix} = 0$$

これより，$(x^2-1)^2(x^2-4) = 0$　ゆえに $x = 2, 1, 1, -1, -1, -2$
したがって，エネルギー $E = \alpha - x\beta$ を小さい順に記すと，
$E_1 = \alpha + 2\beta, E_2 = E_3 = \alpha + \beta$
$E_4 = E_5 = \alpha - \beta, E_6 = \alpha - 2\beta$

【第4章】

4.1 0.467 atm，355 Torr
4.2 5.6 km
4.3 1.2 L
4.4 53.7℃
4.5 60.3 mol
4.6 37.4
4.7 酸素 2.66 kPa，窒素 21.4 kPa
4.8 95.1 cm^3
4.9 476 m s^{-1}
4.10 省略

【第5章】

5.1 0.73 L mol^{-1}，理想気体とすると 0.75 L mol^{-1}
5.2 $Z = \dfrac{\bar{V}}{\bar{V}-b}$ もしくは $Z = 1 + bP$，b は気体分子の体積を補正するため（$\bar{V}$ が b より大きくなるにつれ $Z = 1$ に近づく）
5.3 3.34×10^{-3} L mol^{-1}（分子全体で球状であると考える）
5.4 ① 4.2 MPa，② 5.2 MPa
5.5 123 atm，$Z = 0.97$
5.6 （省略）
5.7 $a = 1.9$ atm L^2 mol^{-2}，$b = 0.031$ L mol^{-1}

【第6章】

6.1 $q = 45$ kJ，$w = -45$ kJ，$\Delta U = 0$ kJ
6.2 $\Delta U = 100$ J，$\Delta T = 8.02$℃
6.3 $\Delta H = 5.45$ kJ
6.4 $w = -1.73$ kJ
6.5 $w = -4.02$ kJ
6.6 $T = 102$ K，$P = 0.0685$ atm，$\Delta U = -100$ J，$\Delta H = -167$ J
6.7 $\Delta H° = -248.1$ kJ

【第7章】

7.1 $\Delta S = R\left(\ln\dfrac{V_2}{V_1} + \ln\dfrac{V_4}{V_3}\right) = R\left(\ln\dfrac{V_2}{V_1} + \ln\dfrac{V_1}{V_2}\right) = 0$
7.2 $\eta = 0.452$
7.3 $\Delta S = 157$ J K^{-1}
7.4 $\Delta S = 5.76$ J K^{-1}
7.5 $\Delta S = 269.7$ J K^{-1}
7.6 $\Delta S = 20.6$ J K^{-1}
7.7 $\Delta S = 11.5$ J K^{-1}
7.8 $\Delta G° = 4.5$ kJ mol^{-1}，$K_P = 0.163$

【第8章】

8.1 ① 昇華する

② 霜が成長する
③ 昇華する
④ 融解する

8.2 水：0.719，エタノール：0.281
8.3 水：0.855，エタノール：0.145
8.4 酸素：75.6 J K^{-1} mol^{-1}，塩素：85.3 J K^{-1} mol^{-1}
8.5 強い水素結合を持つため
8.6 ① 沸点上昇：0.28 K，凝固点降下：1.03 K
② 沸点上昇：0.35 K，凝固点降下：1.29 K
8.7 ① 570 kPa
② 609 kPa
8.8 省略
8.9 省略

【第9章】

9.1 ① $K = 1/[Ag^+][Cl^-]$
② $K = 1/[Al^{3+}][OH^-]^3$
9.2 $K = [CH_3COOH][C_2H_5OH]/[CH_3COOC_2H_5]$
9.3 ① 増える
② 増える
③ 変化しない
9.4 ① $\dfrac{(a+b)^2}{ab^3} \cdot \dfrac{x^2}{P^2}$
② 3倍
9.5 四酸化二窒素：0.68
二酸化窒素：0.32
9.6 ① $K = 1/\{P(NH_3) \times P(HCl)\}$
② 9.5×10^{15}
9.7 300℃：79 Pa^{-2}
400℃：19 Pa^{-2}

【第10章】

10.1 ① 7.1×10^{-7} mol L^{-1}
② 9.1×10^{-9} mol L^{-1}
③ 臭化銀：沈殿が溶解して減少する．
ヨウ化銀：沈殿が新たに析出して増加する．
10.2 ① 2.4
② 2.9
③ 0.3
④ 1.3
10.3 ① 適切
② 適切
③ 不適切
④ 適切
10.4 ① 8.8

　　　　② 5.1
10.5　① 不適切
　　　② 適切
　　　③ 不適切
　　　④ 適切
10.6　① 4.56
　　　② 0.40
　　　③ 4.49
　　　④ 4.36

【第 11 章】
11.1　（略）
11.2　① $Ag + Cl^- \longrightarrow AgCl(s) + e^-$
　　　　$1/2\ Hg_2Cl_2(s) + e^- \longrightarrow Hg + Cl^-$
　　　　$2\ Ag + Hg_2Cl_2 \longrightarrow 2\ AgCl + 2\ Hg$
　　　② $Fe(CN)_6^{4-} \longrightarrow Fe(CN)_6^{3-} + e^-$
　　　　$1/2\ I_2 + e^- \longrightarrow I^-$
　　　　$1/2\ I_2 + Fe(CN)_6^{4-} \longrightarrow I^- + Fe(CN)_6^{3-}$
　　　③ $1/2\ Sn^{2+} \longrightarrow 1/2\ Sn^{4+} + e^-$
　　　　$Fe^{3+} + e^- \longrightarrow Fe^{2+}$
　　　　$1/2\ Sn^{2+} + Fe^{3+} \longrightarrow 1/2\ Sn^{4+} + Fe^{2+}$
11.3　① $Zn\ |\ ZnBr_2(aq)\ |\ Br_2\ |\ Pt$
　　　② $Pt\ |\ FeCl_2(aq),\ FeCl_3(aq)\ |\ Cl_2\ |\ Pt$
　　　③ $Pt\ |\ H_2\ |\ HCl(aq)\ |\ Cl_2\ |\ Pt$
11.4　0.588 V
11.5　5.72×10^{91}
11.6　$-175\ kJ\ mol^{-1}$

【第 12 章】
12.1　385 秒
12.2　12.5%
12.3　$27.4\ kJ\ mol^{-1}$
12.4　9.1 倍
12.5　511 K
12.6　① $87.1\ kJ\ mol^{-1}$
　　　② 47.1%
　　　③ 152 分

索　引

和文索引

あ
亜鉛-銅電池　118
圧縮因子 Z　55
アボガドロ数　38
アボガドロの法則　45
アルカリ蓄電池　120
アレニウスの式　127
アレニウスの定義　103
アレニウスプロット　128

い
イオン化状態　14
イオン化ポテンシャル　23
イオン結合　38
イオン結晶　38
異核2原子分子　32
1次電池　120
1次反応　125
井戸型ポテンシャル　18
陰極　115

え
永年行列式　28, 33
液相　83
液体　83
エチレン　33
エネルギー準位　8
エネルギー量子　8
塩基　103
塩基解離定数　107
塩橋　115
エンタルピー　65
エンタルピー変化　66
エントロピー　72
エントロピー変化　75

か
開放系　62
化学電池　114
化学反応速度　123
化学平衡　95
化学ポテンシャル　91
可逆過程　64
角運動量　13
核子　7
加水分解　108
活性化エネルギー　128
価電子帯　39
カルノーサイクル　73
ガルバニ電池　115
カロメル電極　116
還元剤　113
還元反応　113
甘コウ電極　116
緩衝液　110
環状構造　36
カンデラ　4

き
擬1次反応　127
気液共存状態　58
規格化　17
規格化条件　28
気相　83
気体　83
気体定数　46
気体分子運動論のモデル　48
基底状態　13
起電力　116
ギブズ関数　79
ギブズ自由エネルギー　79
基本単位　3
吸熱反応　67

境界　62
凝固点　84
凝固点降下　92
凝縮　57, 84
共通イオン効果　102
共沸混合物　89
共鳴エネルギー　35
共役塩基　103
共役酸　103
共役二重結合　32
共融混合物　87
極座標系　18
キルヒホッフの法則　69
均一触媒反応　128
近似関数　27
近似法　33
金属結合　39
金属錯体　39

く
クーロン積分　27
組立単位　3
クラスター　40
クラペイロン-クラウジウスの式　91
クラペイロンの式　91

け
系　62
ゲイ・リュサックの法則　44
結合解離エンタルピー　68
結合次数　31
結合性軌道　29, 34
結晶構造　38
原子核　7
原子核間距離　27
原子価結合法　26
原子軌道関数　26

索引

原子番号　7

こ

格子エネルギー　38
酵素触媒反応　129
光電効果　9
光度　4
光量子仮説　9
国際純正・応用化学連合　42
国際単位系　2, 42
固相　83
固体　83
古典力学　8
固有値　17
孤立系　62
孤立電子対　38
混合気体　47
根平均二乗速度　51

さ

最外殻電子　37
錯イオン　39
酸　103
酸化-還元反応　114
酸解離定数　104
酸化剤　113
酸化数　114
酸化反応　113
三重点　85
酸性溶液　106

し

磁気量子数　20
指示薬　109
実在気体　54
シャルルの法則　44
周囲　62
周期表　8
自由電子　39
縮退軌道　23, 25, 31
主量子数　13
シュレディンガー波動方程式　16, 18
昇華　84
昇華曲線　85
蒸気圧　58, 84
蒸気圧曲線　85
常磁性分子　31
状態図　85
状態方程式　46

蒸発　84
蒸留　88
触媒　128
触媒作用　128
浸透　92
浸透圧　92
振動数条件　14

す

水素イオン濃度　104, 105
水素結合　40
水素分子イオン　26
水素放電管　11
水素類似原子　18, 20
スピン量子数　20

せ

静電気力　12
絶縁体　39
接触触媒反応　129
絶対温度　44
遷移金属　39
全エントロピー変化　78
線形結合　26

そ

相　83
双極子モーメント　32
相対性原理　10
相転移　84
総熱量不変の法則　67
束一的性質　91
速度係数　124
速度式　124
速度定数　125

た

多電子原子　20
ダニエル電池　115
弾性的　48
断熱過程　69
断熱系　63

ち

蓄電池　120
中性子　7
中性溶液　106
中和　108
中和指示薬　109
中和滴定　108

中和滴定曲線　108, 109
調和振動子　8
直交座標系　18

て

定圧熱容量　66
定容熱容量　66
デオキシリボ核酸　40
転移温度　85
電解質　101
電解質溶液　114
電荷移動錯体　40
電気化学系列　119
電気素量　7
電気伝導性　38
電極　115
電子供与体　39
電子受容体　39
電子親和力　23
伝導帯　39
電離度　101, 105
電離平衡　101

と

ド・ブロイ波　15
等温可逆変化　75
等温可逆膨張　64
等温不可逆膨張　64
等温膨張　76
動径分布関数　20
トリチェリー　43
トルートンの規則　90
ドルトンの分圧の法則　47

な

内部エネルギー　64
長岡-ラザフォードモデル　7
鉛蓄電池　120

に

2次電池　120
2次反応　125
二重らせん構造　40
ニュートン　3, 42
ニュートン力学　8

ね

熱機関　73
熱容量　66
熱力学系　62

燃料電池　122

は

配位化合物　39
配位結合　38
配位子　39
配位数　39
ハイトラ-ロンドン法　26
パウリの排他原理　20, 25
パスカル　42
パッシェン系列　11
発熱反応　67
波動関数　16, 25
波動方程式　15
ハミルトン演算子　16, 26, 29
バルマー系列　11
反結合軌道　29
反結合性軌道　34
半減期　126
半導体　39
半透膜　92
反応エンタルピー　67
反応次数　124
反応速度　123

ひ

光触媒　130
光の波動説　9
光の粒子性　9
非局在化　32
非局在化エネルギー　35
比電荷　7
ヒュッケル法　33
標準エントロピー　78
標準自由エネルギー　98
標準水素電極　116
標準生成エンタルピー　68
標準生成自由エネルギー　79
標準電極電位　115, 116
標準反応エンタルピー　67
標準モルギブズ関数　119
標準モル反応自由エネルギー　118
ビリアル係数　56
ビリアル状態方程式　56
頻度因子　127

ふ

ファラデー定数　117
ファンデルワールス式　59
ファンデルワールス定数　59
ファンデルワールス力　39
ファントホッフの式　99
ファントホッフの浸透圧式　93
不可逆過程　64
不均一触媒反応　128
ブタジエン　34
物質の三態　83
物質波　10
物質量　48
沸点　84
沸点上昇　92
部分モル自由エネルギー　91
部分モル量　91
ブラケット系列　11
プランク定数　9, 13
ブレンステッド-ローリイ　103, 104
分子間力　39, 54
分子軌道関数　26, 30
分子軌道法　25
フントの規則　25

へ

平均二乗速度　49
平衡　85
平衡イオン間距離　38
平衡定数　81, 95
閉鎖系　63
ヘスの法則　67
ヘルムホルツ自由エネルギー　79
ベンゼン　36

ほ

ポアソンの法則　70
ボーア半径　13
ボーア理論　19
ボイルの法則　43
方位量子数　19
補助単位　3
ボルツマン定数　50
ボルン-オッペンハイマー近似　7

ま

マクスウェルの速度分布関数　51
マーデルング定数　38
マンガン乾電池　120

み

水のイオン積　106, 108

も

モル定圧熱容量　66
モル定容熱容量　66

ゆ

融解　84
融解温度曲線　85
有効核電荷 Z'　21
融点　84

よ

溶解度積　101
陽極　115
陽子　7
溶融状態　38

ら

ライマン系列　11
ラウールの法則　87
ラザフォード模型　12
ラプラス演算子　15

り

離散的エネルギー値　17
理想気体　46
理想溶液　87
リュードベリ定数　12, 15
量子仮説　8
量子数　13, 19
量子力学　8
臨界圧縮因子 Z_C　61
臨界圧力　58
臨界温度　58, 86
臨界点　58, 86
臨界モル体積　58

る

ルクス　4
ルシャトリエの法則　96, 97

れ

励起状態　14

欧文索引

A

acid 103
acid dissociation constant 104
adiabatic process 69
adiabatic system 63
anode 115
antibonding orbital 29
Arrhenius 103
Arrhenius equation 127
Arrhenius plot 128
atomic orbital 26
Avogadro's law 45
Avogadro's number 38
azeotrope 89
azimuthal quantum number 19

B

base 103
base dissociation constant 107
Bohr radius 13
Bohr's theory 19
boiling point 84
Boltzmann constant 50
bond dissociation enthalpy 68
bond order 31
bonding orbital 29
boundary 62
Boyle's law 43
buffer solution 110

C

calomel electrode 116
Carnot cycle 73
catalysis 128
catalyst 128
cathode 115
Charles' law 44
chemical cell 114
chemical equilibrium 95
chemical potential 91
Clapeyron equation 91
Clapeyron-Clausius equation 91
closed system 63
colligative property 91
common-ion effect 102
compression factor 55
condensation 84
conduction band 39
conjugated double bond 32
contact catalytic reaction 129
coordination bond 38
coordination compound 39
coordination number 39
coujugate acid 103
coujugate base 103
Coulomb integral 27
critical compression factor 61
critical molar volume 58
critical point 58
critical pressure 58
critical temperature 58

D

Dalton's law of partial pressure 47
Daniell cell 115
de Broglie 10
delocalization energy 35
depression of freezing point 92
dipole moment 32
distillation 88
DNA 40

E

Einstein 10
elastic 48
electrochemical series 119
electrode 115
electrolytic dissociation equilibrium 101
electromotive force 116
electron acceptor 39
electron affinity 23
electron donor 39
elevation of boiling point 92
endothermic reaction 67
energy level 8
enthalpy 65
enthalpy of evaporation 66
enthalpy of fusion 66
entropy 72
enzyme-catalyzed reaction 129
equation of state 46
equilibrium 85
equilibrium constant 95
eutectic 87
evaporation 84
excited state 14
exothermic reaction 67

F

first-order reaction 125
freezing point 84
frequency factor 127

G

Galvanic cell 115
gas constant 46
Gay-Lussac's law 45
Gibbs free energy 79
Gibbs function 79, 119
ground state 13

H

Hückel method 33
half life 126
heat capacity at constant pressure 66
heat capacity at constant volume 66
Heitler-London method 26
Helmholtz free energy 79
Hess's law 67
heterogeneous catalytic reaction 128
homogeneous catalytic reaction 128
Hund's rule 25

I

ideal solution 87
indicator 109
insulator 39
intermolecular force 39
internal energy 64
international system of units 2
ion complex 39
ionic product of water 106
ionization potential 23
irreversible process 64
isolated system 62

IUPAC 42

K
Kirchhoff's law 69

L
LCAO 法 26, 30
Le Chatelier's law 96
ligand 39
linear combination of atomic orbital 26

M
Madelung constant 38
magnetic quantum number 20
Max Planck 8
Maxwell velocity distribution function 51
mean-square velocity 49
melting 84
melting point 84
Mendeleev 8
metal complex 39
model for the kinetic theory of gases 48
mol 48
molecular orbital 26
molecular orbital method 25

N
N 42
nucleon 7
neutralization 108
neutralization titration 108

O
open system 62
order of reaction 124
osmosis 92
osmotic pressure 92
oxidation-reduction reaction 114
oxidizing agent 113

P
π 軌道 31
p 軌道関数 20
Pa 42
partial molar free energy 91
partial molar property 91
Pauli's exclusion principle 20
phase 83
phase diagram 85
phase transition 84
Planck の放射法則 9
Planck's constant 9
Poisson's law 70
primary battery 120
principal quantum number 13
pseudo first-order reaction 127

Q
quantum 8
quantum mechanics 8
quantum number 13

R
Raoul's law 87
rate coefficient 124
rate equation 124
real gas 54
redox reaction 114
reducing agent 113
resonance energy 36
reversible process 64
root-mean-square velocity 51
Rutherford 7, 12
Rydberg constant 12

S
σ 軌道 30
s 軌道関数 20
salt bridge 115
SCE 116
Schrödinger 15
second-order reaction 125
secondary battery 120
secular determinant 28
semiconductor 39
semipermeable membrane 92
SHE 116
SI 単位 2, 42
solubility product 101
spin quantum number 20
standard electrode potential 115
standard enthalpy of formation 68
standard free energy of formation 79
standard hydrogen eledrode 116
sublimation 84
surroundings 62
system 62

T
the law of constant heat summation 67
thermodynamic system 62
Thomson (J.J.) 7
transition temperature 85
triple point 85
Trouton's rule 90

V
valence band 39
valence-bond method 26
van der Waals 39
van der Waals coefficient 59
van der Waals equation 59
van der Waals force 39
van't Hoff equation 99
van't Hoff's osmotic pressure equation 93
vapor pressure 58, 84
virial coefficient 56
virial equation of state 56

著者略歴

久下謙一
1977年　京都大学大学院修了
現　在　千葉大学大学院融合科学
　　　　研究科情報科学専攻
　　　　教授，工学博士

森山広思
1976年　東京大学大学院修了
現　在　東邦大学大学院理学研究科化学専攻
　　　　元教授，理学博士

一國伸之
1994年　東京大学大学院修了
現　在　千葉大学大学院工学研究科
　　　　共生応用化学専攻
　　　　准教授，理学博士

島津省吾
1983年　Texas A & M 大学大学院修了
現　在　千葉大学大学院工学研究科
　　　　共生応用化学専攻
　　　　教授，PhD

北村彰英
1979年　筑波大学大学院修了
現　在　千葉大学大学院工学研究科
　　　　共生応用化学専攻
　　　　教授，理学博士

基礎から理解する化学 1

物理化学

定価はカバーに表示

2008年11月28日　初版第1刷発行
2017年 3月31日　　　　第8刷発行

著　者　久下謙一・森山広思・一國伸之
　　　　島津省吾・北村彰英

発　行　株式会社 テコム 出版事業部
　　　　〒169-0073
　　　　東京都新宿区百人町1-22-23　新宿ノモスビル2F
　　　　TEL：03-5330-2441　　FAX：03-5389-6452

印刷・製本：三報社印刷　／　装丁：安孫子正浩

ISBN 978-4-87211-904-6 C3047

4桁の原子量表 (2016)

(元素の原子量は，質量数12の炭素 (^{12}C) を12とし，これに対する相対値とする。)

本表は，実用上の便宜を考えて，国際純正・応用化学連合（IUPAC）で承認された最新の原子量に基づき，日本化学会原子量専門委員会が独自に作成したものである。本来，同位体存在度の不確定さは，自然に，あるいは人為的に起こりうる変動や実験誤差のために，元素ごとに異なる。従って，個々の原子量の値は，正確度が保証された有効数字の桁数が大きく異なる。本表の原子量を引用する際には，このことに注意を喚起することが望ましい。

なお，本表の原子量の信頼性は有効数字の4桁目で±1以内であるが，例外として，*を付したものは±2である。また，安定同位体がなく，天然で特定の同位体組成を示さない元素については，その元素の放射性同位体の質量数の一例を（ ）内に示した。従って，その値を原子量として扱うことは出来ない。

原子番号	元素名	元素記号	原子量	原子番号	元素名	元素記号	原子量
1	水素	H	1.008	58	セリウム	Ce	140.1
2	ヘリウム	He	4.003	59	プラセオジム	Pr	140.9
3	リチウム	Li	6.941†	60	ネオジム	Nd	144.2
4	ベリリウム	Be	9.012	61	プロメチウム	Pm	(145)
5	ホウ素	B	10.81	62	サマリウム	Sm	150.4
6	炭素	C	12.01	63	ユウロピウム	Eu	152.0
7	窒素	N	14.01	64	ガドリニウム	Gd	157.3
8	酸素	O	16.00	65	テルビウム	Tb	158.9
9	フッ素	F	19.00	66	ジスプロシウム	Dy	162.5
10	ネオン	Ne	20.18	67	ホルミウム	Ho	164.9
11	ナトリウム	Na	22.99	68	エルビウム	Er	167.3
12	マグネシウム	Mg	24.31	69	ツリウム	Tm	168.9
13	アルミニウム	Al	26.98	70	イッテルビウム	Yb	173.0
14	ケイ素	Si	28.09	71	ルテチウム	Lu	175.0
15	リン	P	30.97	72	ハフニウム	Hf	178.5
16	硫黄	S	32.07	73	タンタル	Ta	180.9
17	塩素	Cl	35.45	74	タングステン	W	183.8
18	アルゴン	Ar	39.95	75	レニウム	Re	186.2
19	カリウム	K	39.10	76	オスミウム	Os	190.2
20	カルシウム	Ca	40.08	77	イリジウム	Ir	192.2
21	スカンジウム	Sc	44.96	78	白金	Pt	195.1
22	チタン	Ti	47.87	79	金	Au	197.0
23	バナジウム	V	50.94	80	水銀	Hg	200.6
24	クロム	Cr	52.00	81	タリウム	Tl	204.4
25	マンガン	Mn	54.94	82	鉛	Pb	207.2
26	鉄	Fe	55.85	83	ビスマス	Bi	209.0
27	コバルト	Co	58.93	84	ポロニウム	Po	(210)
28	ニッケル	Ni	58.69	85	アスタチン	At	(210)
29	銅	Cu	63.55	86	ラドン	Rn	(222)
30	亜鉛	Zn	65.38*	87	フランシウム	Fr	(223)
31	ガリウム	Ga	69.72	88	ラジウム	Ra	(226)
32	ゲルマニウム	Ge	72.63	89	アクチニウム	Ac	(227)
33	ヒ素	As	74.92	90	トリウム	Th	232.0
34	セレン	Se	78.97	91	プロトアクチニウム	Pa	231.0
35	臭素	Br	79.90	92	ウラン	U	238.0
36	クリプトン	Kr	83.80	93	ネプツニウム	Np	(237)
37	ルビジウム	Rb	85.47	94	プルトニウム	Pu	(239)
38	ストロンチウム	Sr	87.62	95	アメリシウム	Am	(243)
39	イットリウム	Y	88.91	96	キュリウム	Cm	(247)
40	ジルコニウム	Zr	91.22	97	バークリウム	Bk	(247)
41	ニオブ	Nb	92.91	98	カリホルニウム	Cf	(252)
42	モリブデン	Mo	95.95	99	アインスタイニウム	Es	(252)
43	テクネチウム	Tc	(99)	100	フェルミウム	Fm	(257)
44	ルテニウム	Ru	101.1	101	メンデレビウム	Md	(258)
45	ロジウム	Rh	102.9	102	ノーベリウム	No	(259)
46	パラジウム	Pd	106.4	103	ローレンシウム	Lr	(262)
47	銀	Ag	107.9	104	ラザホージウム	Rf	(267)
48	カドミウム	Cd	112.4	105	ドブニウム	Db	(268)
49	インジウム	In	114.8	106	シーボーギウム	Sg	(271)
50	スズ	Sn	118.7	107	ボーリウム	Bh	(272)
51	アンチモン	Sb	121.8	108	ハッシウム	Hs	(277)
52	テルル	Te	127.6	109	マイトネリウム	Mt	(276)
53	ヨウ素	I	126.9	110	ダームスタチウム	Ds	(281)
54	キセノン	Xe	131.3	111	レントゲニウム	Rg	(280)
55	セシウム	Cs	132.9	112	コペルニシウム	Cn	(285)
56	バリウム	Ba	137.3	114	フレロビウム	Fl	(289)
57	ランタン	La	138.9	116	リバモリウム	Lv	(293)

†：市販品中のリチウム化合物のリチウムの原子量は 6.938 から 6.997 の幅をもつ。

©2016 日本化学会　原子量専門委員会

元素の周期表(2016)

族／周期	1	2	3	4	5	6	7	8	9	10	11	12	13	14	15	16	17	18
1	1 **H** 水素 1.00784〜1.00811																	2 **He** ヘリウム 4.002602
2	3 **Li** リチウム 6.938〜6.997	4 **Be** ベリリウム 9.0121831											5 **B** ホウ素 10.806〜10.821	6 **C** 炭素 12.0096〜12.0116	7 **N** 窒素 14.00643〜14.00728	8 **O** 酸素 15.99903〜15.99977	9 **F** フッ素 18.998403163	10 **Ne** ネオン 20.1797
3	11 **Na** ナトリウム 22.98976928	12 **Mg** マグネシウム 24.304〜24.307											13 **Al** アルミニウム 26.9815385	14 **Si** ケイ素 28.084〜28.086	15 **P** リン 30.973761998	16 **S** 硫黄 32.059〜32.076	17 **Cl** 塩素 35.446〜35.457	18 **Ar** アルゴン 39.948
4	19 **K** カリウム 39.0983	20 **Ca** カルシウム 40.078	21 **Sc** スカンジウム 44.955908	22 **Ti** チタン 47.867	23 **V** バナジウム 50.9415	24 **Cr** クロム 51.9961	25 **Mn** マンガン 54.938044	26 **Fe** 鉄 55.845	27 **Co** コバルト 58.933194	28 **Ni** ニッケル 58.6934	29 **Cu** 銅 63.546	30 **Zn** 亜鉛 65.38	31 **Ga** ガリウム 69.723	32 **Ge** ゲルマニウム 72.630	33 **As** ヒ素 74.921595	34 **Se** セレン 78.971	35 **Br** 臭素 79.901〜79.907	36 **Kr** クリプトン 83.798
5	37 **Rb** ルビジウム 85.4678	38 **Sr** ストロンチウム 87.62	39 **Y** イットリウム 88.90584	40 **Zr** ジルコニウム 91.224	41 **Nb** ニオブ 92.90637	42 **Mo** モリブデン 95.95	43 **Tc*** テクネチウム (99)	44 **Ru** ルテニウム 101.07	45 **Rh** ロジウム 102.90550	46 **Pd** パラジウム 106.42	47 **Ag** 銀 107.8682	48 **Cd** カドミウム 112.414	49 **In** インジウム 114.818	50 **Sn** スズ 118.710	51 **Sb** アンチモン 121.760	52 **Te** テルル 127.60	53 **I** ヨウ素 126.90447	54 **Xe** キセノン 131.293
6	55 **Cs** セシウム 132.90545196	56 **Ba** バリウム 137.327	57〜71 ランタノイド	72 **Hf** ハフニウム 178.49	73 **Ta** タンタル 180.94788	74 **W** タングステン 183.84	75 **Re** レニウム 186.207	76 **Os** オスミウム 190.23	77 **Ir** イリジウム 192.217	78 **Pt** 白金 195.084	79 **Au** 金 196.966569	80 **Hg** 水銀 200.592	81 **Tl** タリウム 204.382〜204.385	82 **Pb** 鉛 207.2	83 **Bi*** ビスマス 208.98040	84 **Po*** ポロニウム (210)	85 **At*** アスタチン (210)	86 **Rn*** ラドン (222)
7	87 **Fr** フランシウム (223)	88 **Ra*** ラジウム (226)	89〜103 アクチノイド	104 **Rf*** ラザホージウム (267)	105 **Db*** ドブニウム (268)	106 **Sg*** シーボーギウム (271)	107 **Bh*** ボーリウム (272)	108 **Hs*** ハッシウム (277)	109 **Mt*** マイトネリウム (276)	110 **Ds*** ダームスタチウム (281)	111 **Rg*** レントゲニウム (280)	112 **Cn*** コペルニシウム (285)	113 **Uut*** ウンウントリウム (284)	114 **Fl*** フレロビウム (289)	115 **Uup*** ウンウンペンチウム (288)	116 **Lv*** リバモリウム (293)	117 **Uus*** ウンウンセプチウム (293)	118 **Uuo*** ウンウンオクチウム (294)

ランタノイド:

| 57 **La** ランタン 138.90547 | 58 **Ce** セリウム 140.116 | 59 **Pr** プラセオジム 140.90766 | 60 **Nd** ネオジム 144.242 | 61 **Pm*** プロメチウム (145) | 62 **Sm** サマリウム 150.36 | 63 **Eu** ユウロピウム 151.964 | 64 **Gd** ガドリニウム 157.25 | 65 **Tb** テルビウム 158.92535 | 66 **Dy** ジスプロシウム 162.500 | 67 **Ho** ホルミウム 164.93033 | 68 **Er** エルビウム 167.259 | 69 **Tm** ツリウム 168.93422 | 70 **Yb** イッテルビウム 173.045 | 71 **Lu** ルテチウム 174.9668 |

アクチノイド:

| 89 **Ac*** アクチニウム (227) | 90 **Th*** トリウム 232.0377 | 91 **Pa*** プロトアクチニウム 231.03588 | 92 **U*** ウラン 238.02891 | 93 **Np*** ネプツニウム (237) | 94 **Pu*** プルトニウム (239) | 95 **Am*** アメリシウム (243) | 96 **Cm*** キュリウム (247) | 97 **Bk*** バークリウム (247) | 98 **Cf*** カリホルニウム (252) | 99 **Es*** アインスタイニウム (252) | 100 **Fm*** フェルミウム (257) | 101 **Md*** メンデレビウム (258) | 102 **No*** ノーベリウム (259) | 103 **Lr*** ローレンシウム (262) |

注1：元素記号の右肩の*はその元素には安定同位体が存在しないことを示す。そのような元素については放射性同位体の質量数の一例を（ ）内に示した。ただし、Bi, Th, Pa, Uについては天然で特定の同位体組成を示すので原子量が与えられる。

注2：この周期表には最新の原子量表「原子量表(2016)」が示されている。原子量は単一の数値あるいは変動範囲で示されている。原子量が範囲で示されている12元素には複数の安定同位体が存在し、その組成が天然において大きく変動するために単一の数値が与えられない。その他の72元素については、原子量の不確かさは示されていない数値の最後の桁にある。

備考：原子番号104番以降の超アクチノイドの周期表の位置は暫定的である。

©2016 日本化学会 原子量専門委員会